制茶工艺

ZHICHA
GONGYI

茶精神 | 茶艺术 | 茶方法 | 茶技术 | 茶文化

茶学专业
职业院校教材

云南出版集团公司
云南科技出版社
·昆明·

图书在版编目（CIP）数据

制茶工艺 /《职业院校教材》编委会编. -- 昆明：
云南科技出版社，2017.9（2022.8 重印）
职业院校教材
ISBN 978-7-5587-0860-2

Ⅰ.①制… Ⅱ.①职… Ⅲ.①茶叶加工—职业教育—
教材 Ⅳ.①TS272

中国版本图书馆CIP数据核字（2017）第247180号

制茶工艺

《职业院校教材》编委会　编

责任编辑：唐坤红　洪丽春　曾　芫
封面设计：晓　晴
责任校对：叶水金
责任印制：翟　苑

书　　号：ISBN 978-7-5587-0860-2
印　　刷：昆明瑾煜印务有限公司
开　　本：787mm×1092mm　1/16
印　　张：8
字　　数：190千字
版　　次：2018年3月第1版
印　　次：2022年8月第4次印刷
定　　价：48.00元

出版发行：云南出版集团公司　云南科技出版社
地　　址：昆明市环城西路609号
电　　话：0871-64190889

茶学专业职业院校教材

编委会

主　　编　周红杰　李亚莉

编委会主任　字映宏　李有福　段平洲

参编人员　刘本英　梁名志　张春花　刘　洋　苏　丹

　　　　　　骆爱国　任　丽　王智慧　杨杏敏　杨方圆

　　　　　　高　路　马玉青　涂　青　付子祎　汪　静

　　　　　　辛　颖　李嘉婷

序

中国是茶的故乡，是世界茶树的起源中心。茶叶的发展历史上从种植到加工贯穿着我国饮茶文化整个历史阶段。

对于茶的利用，从最初的食用到药用，再到后来的饮用，这整个演变过程历经了数千年的发展。茶叶从采摘利用野生茶发展到人工栽培，从最早的生产和消费中心巴蜀地区，逐渐传播到了全国。随着茶的传播和饮茶的普及，形成了以茶的种植、加工、贸易和消费为中心的茶产业。

茶叶加工在我国历史上的不同的时期，其工艺也各有不同。到了现代之后，我国茶叶种类被划分为六大类，即绿茶、红茶、青茶（乌龙茶）、黄茶、黑茶、白茶。这六大茶类的分类主要是根据加工工艺的不同进行划分。除此之外，随着现代科学的发展，一些再加工和深加工茶也逐渐出现，并受到广大消费者的喜爱。至此，我国茶产业发展形成了以六大茶类为基础的茶叶加工体系，茶叶加工技术也迈向了现代化发展阶段。

近年来，随着我国茶产业的发展，饮茶年轻化、全球化的趋势越来越明显，对于茶叶知识的需求越来越迫切，为了满足市场上对茶叶方面人才的需求，各大院校逐渐开始开展以"茶学"为主的专业，《制茶工艺》一书，以中国六大茶类的制作工艺为基础，同时结合现代新兴再加工及深加工产品，详细地讲述了各类茶产品的加工技术，内容涉及产业信息、产茶区、各大茶类的加工制作技术及流程以及茶叶新产品等方面内容，符合当代茶学专业教育需求，对培养具有一定茶学基础知识的人才有良好的作用。

同时，该书结合云南地区的特点，对云南普洱茶做了单独介绍，特别是对云南特色大叶种茶类的加工特点、普洱生茶和熟茶的区别以及在加工工艺上的不同做了详尽的描述，以便读者和学生能够更准确地了解云南普洱茶的制作工艺及特点。

　　《制茶工艺》立足职业教育，具有一定的专业性，同时又通俗易懂。内容除针对制造工艺的描述之外，还涉及一些简单的制造原理，便于学生在学习过程中能够更好地接受和理解，使学生们在学习的过程中能够"知其然，并知其所以然"，适于职业院校茶学专业学生的学习。

　　在编写过程中，云南省农科院茶学重点实验室、云南省农科院茶叶研究所普洱学院、滇西应用技术大学普洱茶学院、江西农业大学农学院、武夷学院、贵州民族大学人文科技学院、盘州市职业技术学院等单位提供了大量的支持与帮助，云南省茶学重点实验室培育专项（2017~2018）、云岭产业技术领军人才（发改委〔2014〕1782）等项目也为本书的编写注入了强大的动力，字映宏、李有福、段平洲等从事茶学教育的教师也参与了本书的编写与修订工作，刘本英、梁名志、张春花、刘洋、郑慕容、骆爱国、任丽、王智慧苏丹、杨杏敏、杨方圆、涂青、高路、马玉青、付子祎、汪静、李嘉婷、辛颖等参与了本书的编写和审定。由于编者水平所限，书中部分内容难免存在不足和错误之处，敬请读者批评指正。

目　录

制茶工艺
茶学专业职业院校教材

第一章 绪 论

茶叶是一种传统古老而又是现代文明的饮料，茶与人类关系极为密切。茶既是物质文明的珍品，又是社会精神文明的桥梁。中国是茶的故乡，有5000年的茶叶发现和利用史。中国西南地区是茶的起源中心，茶从其起源中心逐渐向国内其他宜茶地区传播，同时，传播到国外。茶叶加工制作方法也不断得以创新，诞生出六大基本茶类与其他再加工茶类。云南作为茶的起源核心区域之一，古茶树、野茶树数量与古茶园面积均列世界之最，作为中国产茶大省，茶园面积居中国第一位，茶叶产量与出口量一直名列中国产茶省份前茅。

第一节 茶的起源与传播

一、茶的发现和利用历史

（一）茶的起源

茶树原产于中国，自古以来，一向为世界所公认，只是在1824年之后，印度发现有野生茶树，个别国外学者以印度野生茶树为依据，同时认为中国没有野生茶树，对"中国是茶树原产地"提出异议，在国际学术界引发了争论。其实，中国在公元200年左右，《尔雅》中就提到有野生大茶树，且现今的资料表明，中国已发现的野生大茶树，时间之早，树体之大，数量之多，分布之广，性状之异，堪称世界之最。此外，又经考证，在印度发现的野生茶树与从中国引入印度的茶树同属中国茶树之变种。正是得益于中国境内考古学与考证技术的新发展和野生茶树与古茶园的新发现，学术界才逐渐达成"中国是茶树原产地"的共识。

1753年，瑞典植物学家林奈将茶树的学名初步定为*Thea sinensis* Linne。后来，德国植物学家孔采将茶树的学名定为现在的学名*Camellia sinensis*（L.）O.Kuntze，即茶树是山茶科、山茶属的一个种。*Camellia*是山茶属，*sinensis*是中国种。茶树学名就具有"茶是原产于中国的一种山茶属植物"的含义。

有关茶树源产地的问题，一百多年来，国际学术界展开了一场大的争论，根据地处我国西南的云、贵、川高原气候和生态条件，以及地质的变化和古历史的考证，经过深入研究后，证明中国是茶树的原产地，是茶的故乡。主要依据有：

1. 我国是世界上最早发现和利用茶树的国家

神农氏发现茶树只鉴别和断定茶有药用价值，至今已有四五千年的历史了。真正使茶成为"国饮"的是数千年来无数的无名氏不断的栽培更新改进，以最初是采集自野生叶子以生食或煮食作为药用，后来逐渐发展用作解酒、祭品和饮料。秦汉以后饮茶之风逐渐传开，后来随着消费增加，逐渐发展为人工栽培。

2. 世界各国对茶字的称谓起源于中国

茶的名称因各地语音不同，称呼各异。或因茶树不同，或因制成茶叶后茶名不同，地方方言翻成汉字，便产生了各种不同的同音汉字。

在我国，从历史演变的角度来看，中国"茶"字的演变经历了如荼、苦荼、槚、葭、荈、诧、茗、皋芦、瓜芦、苦茶、茶等；从地域特征来看，我国地域广阔，民族众多，尽管茶在文字上得到了统一，但不同地区、不同民族的人民对茶的称呼，在发音上仍有很大区别，如华北的发音为"cha"，福建、广东的发音为"te""ti""tei"，长江流域的发音为"cha""zhou"等。云南傣族、彝族、湘西苗族的发音为"la"，贵州侗族的发音为"si"，藏族发音为"jia"，川黔一带少数民族（瑶、畲、彝族）的发音为"se"或"she"等。

海外各国对茶的称呼，也直接或间接地受到我国对茶的称呼的影响，在发音上基本可分为两大类。茶叶从我国海路传播去的西欧各国，其发音近似于我国福建闽南沿海地区的"tey""tui""te"音，如拉丁语"thee"、英语"tea"、法语"the"、德语"tee"、西班牙语"te"、意大利"te"等；茶叶从我国陆路向北、向西传播去的国家，其发音近似于我国华北的"cha"音，如日本"cha"、俄罗斯"chai"、波斯语（伊朗、阿富汗）为"chay"，葡萄牙语"cha"、印度语"cha"、越南"jsa"、朝鲜"ta"等。

3. 我国有世界上最多的山茶科植物，发现最早最多野生大茶树

现今已发现的山茶科二十三属三百八十多种中，就有十五属二百六十多种原产于我国，而茶属中一百多种，其中有半数以上是在我国西南地区发现的。云南茶种占世界茶种的 80%，在茶树形态结构上有着从原始到进化的各种过渡类型，有三分之二的种为原始型，这是原产地植物的最显著特点。早在三国时期（公元220～280年）我国就有关于在西南地区发现野生大茶树的记载。近几十年来，在我国西南地区更不断地发现古老的野生大茶树。

1961年在云南省的大黑山密林中（海拔1500m）发现一棵高32.12m，树围2.9m的野生大茶树，树龄约1700年。1996年在云南普洱市镇沅县九甲乡千家寨（海拔2100m）的原始森林中，发现一株高25.50m，底部直径1.20m，树龄2700年左右的野生大茶树，这是世界上最古老的野生大茶树；其中还有云南澜沧县的邦崴千年野生大茶树，普洱市的困鹿山和板山也有两棵千年野生大茶树，森林中直径30cm以上的野生茶树到处可见，仅云南直径在1m以上的就有10多株，有些地区野生茶树群甚至达到几千亩。据不完全统计，我国有10个省区198处发现有野生大茶树，总之，我国是世界上最早发现野生大茶树的国家。

4. 世界各产茶国的茶树都是直接或间接由中国引种的

世界各产茶国的茶树及栽培制作技术均由我国传去。向国外最早传播种茶技术的是

在唐朝（公元805年）传日本，日本僧人从中国带回茶籽在贺滋县种植。828年，传到朝鲜，1618年传到俄罗斯，印度尼西亚于1731年从我国运入茶籽。印度第一次栽茶始于公元1780年。斯里兰卡的华尔夫于公元1867年从我国带回几株茶树栽于普塞拉华的咖啡园中。

5. 我国是世界上最早栽培和制作茶叶的国家

我国茶叶加工历史悠久，在周武王时，巴蜀所产之茶列为贡品，三国时期，我国都有用茶叶制作茶饼的记载。在唐朝，人们创造了蒸青技术，并进一步发展成为炒青技术。我国劳动人们在制茶过程中，积累了丰富的经验，不断地改进和提高制茶技术，创造了丰富多彩的各类茶叶，这也是世界上其他国家无法相比的。

6. 茶的起源时间与大地构造变化相吻合

经地质学家、植物学家考证，我国云、贵高原的许多地区没有受到第四纪大地环境变化的影响。没有受到冰川的侵袭，因而保存有很多世纪古代的动植物（孑遗植物），山茶科的茶树也得以保存下来。茶树对土壤要求的特性来说，云、贵高原和临近诸省的山地土壤类型，大多以砾石、页岩和花岗岩为母质的红色酸性土壤，也可以作为茶树原产地的佐证。

（二）茶的发现和饮用历史

茶的发源始于中国，其历史可追溯到远古时代。虽然远古对于茶的发现和利用等茶事没有文字可考，全靠传说和神话流传。但是"茶之可饮，发于神农"的传说和神话，屡见记载于各种古书中。

如《神农本草经》载："茶之为饮，发乎神农"。"神农尝百草，日遇七十二毒，得茶而解之"，这里的"茶"即为茶，传说远古时代，神农氏为拯救人民，采集百草尝试，以发现治病救人的草药。一日，神农采集草药尝试，遇毒晕倒于茶树下，碰巧茶树叶片上的露水滴入神农口中，起死回生，神农得救，因而发现茶的药用价值。二日，神农尝百草遇毒，在树下烧水，树上的叶片飘入水锅中，过后神农试饮锅中之水，与往常有异，其味苦咽甘，饮后毒除，于是神农发现茶树的叶子可以解毒，以此为饮。因此，后人为了纪念他的功绩，奉神农氏为"三皇五帝"中的"炎帝"，堪称"茶祖"。

茶最初是采集自野生叶子以生食或煮食作为药用，后来逐渐发展用作解酒、祭品和饮料，秦汉以后饮茶之风逐渐传开。秦朝已把茶叶作为饮料。后来因消费增加，逐渐发展为人工栽培。到了唐朝，陆羽系统编著了世界第一部茶叶专著——《茶经》，叙述了茶的历史、种植、加工、生产工具和饮茶风俗等内容，大大促进了茶叶生产的发展，陆羽被后人尊称为"茶圣"。

二、茶的传播

（一）茶的国内传播

当茶叶作为商品后才能广泛传播。而作为饮料的记载，在西汉时期（公元前59年）王褒所著《僮约》（买卖奴隶的契约文书），其中谈到他从寡妇家中买进一个仆役，规

定她除了炒菜，煮饭之外，还需"烹茶"，"烹茶尽具""武阳买茶"等，前一句反映西汉当时成都一带，不但饮茶已成风尚，茶叶当时已成为贵族的家常事，而且说明地主贵族还专门有专业的饮茶用具，后一句反映了成都附近的茶叶消费和贸易需要，茶叶已成为商品化，还出现了如"武阳"（今四川省彭山区）一类的茶叶市场，至今已有二千多年的历史。

唐朝，饮茶已相当普及，所谓"茶兴于唐而盛于宋"之说，在茶叶传播中，佛教和道教起到相当的作用。汉代佛教自西域传入我国，到了南北朝时更为盛行，佛教提倡坐禅，饮茶可镇定精神，夜间饮茶可以驱睡，盛行以茶代酒。因此，一些名山大川僧道寺院所在的山地和封建庄园都开始种茶。我国许多名茶，相当部分都是佛教和道教徒最初种植的，都产于名山大川的寺院附近，它对茶的传播起到一定的作用。

陆羽《茶经》问世，宣传茶的作用，茶的效用扩大，成为百病之药，为人民所喜爱，饮茶之风更加普及民间，自江南传到北方和西藏、新疆、内蒙古、青海等地的游牧民族，并成为日常生活的必需品。封建王朝视茶为重要财源，以茶换马，也促进了茶的发展。从宋开始饮茶在西北少数民族地区流行，茶成为其生活必需品。而马在古代有特别重要的作用，它不但是交通工具，还是作战工具。双方的需求促进了"茶马交易"的盛行。至元、清两个朝代是蒙古族和满族统治，他们不缺马，而且禁止汉人养马，所以"茶马交易"衰落。

（二）茶的国外传播

我国茶叶最早向海外传播是在南北朝齐武帝永明年间（公元483～493年），中国与土耳其商人在边疆贸易时，茶叶是首先输出的商品之一。向国外最早传播种茶技术的是日本，公元804年，日本僧人最澄来我国浙江学佛，回国时（805年）携回茶籽。印度尼西亚于1731年从我国运入茶籽。印度第一次栽茶始于公元1780年，由东印度公司船主从广州带回茶籽种植于不丹和加尔各答植物园。斯里兰卡的华尔夫于公元1867年从我国游历回国，带回几株茶树栽于普塞拉华的咖啡园中。苏联1848年又在黑海沿岸的外高加索种茶，1883年又从湖北羊楼洞运去大量种苗，种植于格鲁吉亚。

三、茶类的发展与演变

目前，中国茶类的划分尚无统一的方法，为便于识别和统一认识，茶叶分类一般以茶叶加工方法为依据，结合品质特征和外形差异并参考习惯上的分类方法，将茶叶分为基本茶类和再加工茶类两大部分。基本茶类有绿茶、红茶、青茶、白茶、黄茶和黑茶。再加工茶类是以基本茶类作原料经过再加工形成的产品，主要包括花茶、紧压茶、萃取茶、果味茶、药用保健茶、含茶食品以及茶基产品等几类。

茶叶正式开始作饮料是以鲜叶煮饮的形式，到南北朝时开始把鲜叶加工成茶饼，唐代制出了蒸青团茶，宋代创制了蒸青散茶，明代创制了炒青绿茶、黄茶、黑茶和红茶，清代创制了白茶、青茶（乌龙茶）以及花茶，至此，茶品形成六大基本茶类及一些再加工茶类。

第二节　我国茶叶的地位和作用

一、茶区

我国茶区辽阔，茶区划分采取三个级别。一级茶区，是全国性划分，用以宏观指导；二级茶区，是由各产茶省区划分，进行省区内生产指导；三级茶区，是由各地县划分，具体指挥茶叶生产。

在我国，茶的分布范围非常的广阔。从总体来看，茶分布在祖国的东部、南部以及部分中部地区。东到台湾省的东部，南自我国海南省三亚市，西到我国西藏自治区的察隅县境内，北达山东省的蓬莱市一带。茶树横跨我们祖国的最东最南地区，它们的出现给我们国家很多地方的饮茶文化和经济的发展都带来了非常重要的影响。

茶在我国的品种繁多，不同的地方的茶具有不同特点和品质。在江北，气候比较寒冷，生活在这里的茶，常需要忍受寒冷的侵袭，其茶树品种常常具有较好的抗寒性和抗旱性，茶叶有机质含量高；在江南，四季分明，地区气温宜于茶树生长，并有充足的降水，气候条件对茶树生长发育，以及制茶品质都较有利，从而形成了该茶区茶叶品种多样，名茶众多的特点；在西南，这里是茶树的原产地，是茶树生长的最适宜区，由于该地区地势海拔较高，生长在此的茶生长环境云山环绕、空气湿润，茶叶质量好，内含物质丰富；在华南，水热资源丰富，土壤肥沃，受热带气候影响，该地区四季均适宜茶树生长，因此产量较高。

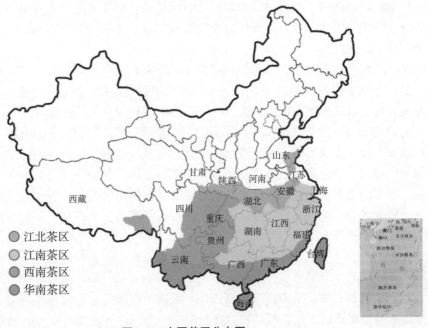

图1-1　中国茶区分布图

二、茶区分布

（一）西南茶区

西南茶区位于我国西南地区一带，包括我们国家的贵州、四川、重庆、云南中北部和西藏东南部等地区，属于茶树生长的适宜区。西南茶区是我国的茶树生长的最古老的地方，是我国茶树的原产地，也是世界茶树的起源中心。

西南茶区地形较为复杂，地势高、起伏大，茶区雾日多，日照较少，相对湿度大，从而形成了与其他茶区不同的气候特点。这里的大部分地区属于热带气候，水热条件好，冬季比较温和，全年平均气温在14～18℃。降水量以夏季最高，约占全年降水量的一半，且多暴雨和阵雨；秋、冬、春季的降水比较少，易造成冬季干旱环境，不利于茶树的成长和发育。

西南茶区大部分地区是盆地和高原，土壤类型较多，云南中北部为赤红壤，山地以红壤和棕壤为主；四川、贵州及西藏东南部地区以黄壤为主，尤其四川北部土壤变化较大。这里的茶树生活在土壤pH为5.5～6.5的环境下，土壤质地黏重，有机质含量一般较低。茶区内的茶树资源比较丰富，所栽培的茶树品种类型有灌木型、小乔木型和乔木型大叶种茶树等，生长在这里的茶树被加工成茶叶的种类中，最有名的主要有云南普洱茶、滇红、都匀毛尖、蒙顶黄芽、峨眉竹叶青、西藏边销茶以及花茶等等。

（二）华南茶区

华南茶区的南部为热带季风气候，北部为南亚热带季风气候，总体年平均温度较高。广东、广西南部、海南、云南南部和台湾等地，全年高温。在这里一年四季都是夏天，没有冬天。整个茶区高温多雨，水热资源丰富。年平均温度在20℃以上，最高温度达38℃以上。

本区茶树的生育期长，部分地区茶树无休眠期，全年可以生长。年降水量是中国茶区之最，一般为1200～2000mm。茶区土壤以红壤和砖红壤为主，pH值5.00～5.50。全年降水量较高，以夏季降水最多，大多数降水集中在4～9月份，冬季较为干旱。

有森林覆盖下的茶树生长园，那里的土层相当深厚，富含大量的有机质；有些地区因植被被破坏，土壤暴露，常年遭雨水侵蚀，有机质分解，区域环境恶化，茶树生长的土壤酸度增高。华南茶区的茶树资源极其丰富，茶树的种类主要为乔木型或半（小）乔木型，灌木型也有分布。由于这里的生态环境适宜茶树的生长。因此形成的茶叶的品质优良，最著名的有滇红、乌龙茶、花茶、白茶、普洱茶、六堡茶、正山小种、安溪铁观音、武夷大红袍等。

（三）江南茶区

位于中国长江中、下游南部包括浙江、湖南、江西等省和皖南、苏南、鄂南等地，为中国茶叶主要产区，年产量约占总产量的三分之二。主要生产茶类有绿茶、红茶、黑茶、花茶，以及品质各异的特种名茶。茶园主要分布在丘陵地带，少数在海拔较高的山区。江南茶区在气候上属于亚热带季风气候，特点是春温、夏热、秋爽、东寒，四季分明。年平均气候温度大约在15.50℃以上，1月最低气温可降到-5℃。全年茶树生长期在250天左右。这个地方的降水以春季最多，秋、冬季比较少，年降水量1400~1600mm，春夏季雨水最多，占全年降水量的60%~80%，容易发生伏旱和秋旱。

江南茶区适宜茶树生长的土壤多为红壤，部分为黄壤或黄棕壤等，由于地势起伏，两类土壤交错分布，呈酸性反应，pH值在5.00~5.50，有机质含量较高。茶树品种主要是灌木型中叶种和小叶种。这个地方的历史非常悠久，在这里的茶种类非常的庞大，如西湖龙井、君山银针、太平猴魁、祁门红茶、黄山毛峰、庐山云雾、洞庭碧螺春等名茶，这些茶生长在这片广阔的土地上，因此形成了它们独特的品质和口味，并且驰名中外，具有较高的经济价值和文化价值。

（四）江北茶区

江北茶区位于祖国的长江以北、秦岭淮河以南以及山东沂河以东的部分地区，包括我国的甘肃、陕西、河南南部、湖北、安徽和江苏北部以及山东东南部等地区，是我国最北的茶产区。

江北茶区处于北亚热带地区。与其他茶区相比，由于位置偏北，导致该地区气温较低。大多数地区年平均温度在15℃以下，最低温度在零下10℃左右，最高温度在38℃左右。全年10℃以上的持续时间有200天左右，每年茶树的生长有6~7个月的时间。有的地方温度较低，冬天的时候，又冻又旱，影响了茶叶的生长发育。

这个地方一年四季降水量不平均，以夏季降水最多，冬季较少。年降水量相对较少，一般在1000mm以下。茶区土壤多属黄棕壤，也有黄褐土和山地棕壤等，pH值为6.00~6.50，质地黏重，肥力较低。本区茶树品种多为灌木型中小叶群体种，抗寒性较强。全区均生产绿茶，名茶有六安瓜片、日照雪青、信阳毛尖等。由于白天和夜晚的温度差别比较大，所制作的茶叶香高味浓，品质较好。

二、我国茶叶命名、分类、主产茶类及茶叶产销历史

（一）茶叶命名

在我国漫长的茶叶历史发展过程中，历代茶人创造了各种各样的茶类，长期的封建制度下又出现了各种"贡茶"，加上我国茶区分布很广，茶树品种繁多，制茶工艺技术不断革新，于是便形成了丰富多彩的茶类。就茶叶品名而言，从古至今已有数百种之多，为世界上茶类最多的国家。如何从这些众多的茶叶类群中建立一个有条理的分类系统，以便识别茶叶品质和制法的差异性，对于不断改进制茶技术，提高茶品质，创造新茶类具有重要的意义。目前世界上还没有规范化的茶叶分类方法。

1. 茶叶命名的依据

茶叶命名是茶叶分类的重要基础。每一种茶叶必须先有一个名称，然后才能对此开

展分类研究工作。茶叶命名与分类可以联系在一起，如工夫（名称）红茶（分类），白毫（分类）银针（名称），岩茶（分类）水仙（名称）。茶叶名称常带有描述性，名称之文雅是其他商品所不及的。

不同种类的茶叶，命名的方法五花八门，一般是依据形状、品质色香味、茶叶品种、产地、采摘时期、技术措施和销路来命名。

以形状命名：如形似瓜子片的安徽六安瓜片，形似山雀舌的"雀舌"、形似珍珠的浙江嵊州市"珠茶"，形似眉毛的浙江、安徽和江西的"眉茶""秀眉"，形似一株株小笋的浙江长兴"紫笋"，形状圆直如针的湖南岳阳的"君山银针"，湖南安化的"松针"，江苏苏州的"碧螺春"，形似竹叶的峨眉"竹叶青"。

以外形色泽或汤色命名：如绿茶、白茶、黑茶、红茶、黄茶等。

以茶叶的香气、滋味特点命名：安徽舒城的"兰花茶"，湖南江华"苦茶"（滋味微苦）。

以产地命名：西湖龙井、黄山毛峰、南京雨花茶、安化松针、信阳毛尖、六安瓜片、庐山云雾、井冈翠绿、广东英德红茶、滇红、祁门红茶、川红、婺绿。

依采摘时制命名：明前茶、雨前茶（雨水前采制），4～5月采制的叫春茶、夏茶（6～7月），秋茶（8～10月），新茶（当年采制）、陈茶。

依制茶技术命名，炒青（铁锅炒制），烘青（烘手机具烘制），晒青、蒸青（茶叶鲜叶用蒸汽茶青）。花茶（茉莉花茶），发酵茶（红茶）、半发酵茶（乌龙茶）、不发酵茶（绿茶）。

依茶树品种命名：如青茶中的"水仙""乌龙""肉桂""大红袍""奇兰""铁观音"。

依销路命名：内销、边销、外销茶、出口茶、侨销茶。

依创制人命名：熙春、大方等。

依包装形式命名："袋泡茶""小包装茶""罐装茶"

茶叶种类繁多，名称不一，因此，开展分类研究工作是十分必要的。

2. 茶叶分类依据

我国茶类的划分目前尚无统一的方法：

①依据加工方法不同的品质上的差异：绿茶、红茶、乌龙茶（青茶）、白茶、黄茶和黑茶六大类；

②依据我国出口茶的类别：绿、红、乌龙茶、白、花、紧压茶、速溶茶七大类；

③有的根据我国茶叶加工分初、精制两个阶段的实际情况，分成毛茶和成品茶两大类，其中毛茶又分为绿、红、乌龙、白茶和黑茶五大类，将黄茶并入绿茶中。成品茶又分为绿、红、乌龙、白茶和再加工成的花茶、紧压茶和速溶茶等七大类。

将上述分类方法综合起来，我国茶叶可分为基本茶类和再加茶类两大部分。

（1）茶叶分类理论

到目前为止，较一致地认为，理想的茶叶分类方法有三条依据，其一，必须表明茶品质的系统性，其二，必须表明制法的系统性，其三，必须表明内容物质变化的系统性，同时，茶类发展的先后，应作为茶叶分类排序的次序。

茶叶分类应以制茶的方法为基础。一般而言，制法不同，内含物质变化就不同，品质也就有根本差别。

每一种茶类都有一个共同或相似的制法特点，如红茶都有一个共同促进酶活化，使黄烷醇类（儿茶多酚类）氧化较完全的渥红（俗称"发酵"）过程。绿茶杀青过程。黑茶类都有一个共同的堆积做色（渥堆）过程。工夫红茶与小种红茶、差异不大、工夫红茶与切细红茶差异较大。

绿茶：不论哪种花色，都是汤清叶绿，都属绿色范畴只是色度深浅、明亮枯暗不同而已，如果茶叶汤色、叶底变黄、则不属于绿茶类了（贮藏或制法技术不好除外）。绿茶的基本制法是：杀青、揉捻、干燥。

黄茶：品质特点是"黄汤黄叶"，这是制造过程中闷堆渥黄造成的。

红茶：品质特点是"红汤红叶"，基本工艺：萎凋→揉捻→发酵→干燥，发酵是关键过程。

乌龙茶：属半发酵茶，是介于绿茶和红茶之间的一类茶叶，外形色泽青褐，因此也称为青茶。汤色黄红、典型的乌龙茶叶片中间呈绿色，叶缘呈红色，素有"绿叶红镶边"之称。工艺：鲜叶→萎凋→做青→炒青→揉捻→干燥。

黑茶：杀青→揉捻→渥堆→干燥。品质特点：外形色泽油黑或暗褐，茶汤褐黄或褐红，关键是渥堆。

白茶：萎凋→干燥，属轻微发酵茶。

由于制法不同，内含物变化的程度和快慢也有不同，在内含物的变化方面，以黄烷醇类物质最为明显。

黄烷醇类物质变化（含量多少）的程度依次是绿茶、黄茶、黑茶、白茶、青茶、红茶（一般情况）。

茶类起源先后：绿、黄、黑、白、红、青。

（2）再加工茶叶的分类依据

现通用的分类方法是采用纲、目、种分类系统。

以制法与品质的系统性为纲。品质的不同，主要取决于制法不同，各种茶类制成茶、品质已大致稳定，在毛茶再加工过程中，品质变化也不同，如各种花茶的品质稍有变异，但基本的品质系统性未超出该类的系统性，因此，再加工茶类应是"目"，而不是"纲"。

再加工茶类的分类，从以毛茶加工（制法）为基础，再加工茶类的品质形成主要取决于毛茶初制。如再加工后，品质变化较小，则哪一类毛茶再加工，仍旧归哪一类。如再制绿茶花茶，仍属绿茶类。

云南沱茶、饼茶和小圆饼茶属晒青绿茶加工，不经堆积和"发花过程"，色香味变化不大，制法和品质靠近绿茶，归入绿茶类。

再制后，如变化较大，与原来的毛茶品质不同，则以变成靠近哪个茶类，改属哪个茶类。

如云南紧茶，大圆饼茶是晒青绿茶加工，经过先堆积促进变色，在干燥中"发花"，品质变化很大，接近黑茶类，应归为黑茶类。

3. 主产茶类

我国的茶叶分类上，我们可以将其归为六大类：绿茶、红茶、白茶、乌龙茶、黄茶、黑茶。

（1）绿茶：属于不发酵茶，是我国产量最多的一类茶叶。根据不同的绿茶工艺划分为炒青绿茶、烘青绿茶、晒青绿茶、蒸青绿茶。其中西湖龙井、黄山毛峰、六安瓜片、太平猴魁、碧螺春、恩施玉露、信阳毛尖、安吉白茶、南京雨花茶等为绿茶中的优质茶类。炒青绿茶包括珍眉、贡熙、雨茶、针眉、秀眉、珠茶、雨茶、秀眉、蒙顶甘露、龙井、大方、碧螺春、雨花茶、甘露、松针等茶品。烘青绿茶包括川烘青、苏烘青、浙烘青、徽烘青、闽烘青、毛峰、太平猴魁、华顶云雾等茶品。晒青绿茶包括川青、滇青、陕青等茶品。蒸青绿茶包括煎茶、玉露等茶品。

（2）红茶：红茶为深发酵或者全发酵茶，基本特点为"红汤红叶"。红茶分为红碎茶、小种红茶和工夫红茶，工夫红茶滋味要求醇厚带甜，汤色红浓明亮，果香浓郁，发酵较为充分；而红碎茶要求汤味浓、强、鲜，发酵程度略轻，汤色橙红明亮，香气略清；而小种红茶是采用小叶种茶树鲜叶制成的红茶，并加以炭火烘烤，如武夷山的正山小种，具有桂圆味，松烟香。小种红茶包括正山小种、外山小种等茶品。工夫红茶包括滇红、闽红、湖红、川红、越红、湘红、粤红等茶品。红碎茶包括叶茶、碎茶、片茶、末茶等茶品。

（3）白茶：白茶属于轻微发酵茶，分为芽茶、叶茶。加工工艺：白茶的工艺较为简单，为室内自然晾干或者烘干。萎凋→烘焙（阴干）→挑剔→复火。白茶外形毫心肥壮，叶张肥嫩，叶态自然伸展，叶缘垂卷，芽叶连枝，毫心银白，叶色灰绿或者铁青色，内质汤色黄亮明净，毫香显著，滋味鲜醇，叶底嫩匀，要求鲜叶"三白"，即嫩芽及两片嫩叶满披白色茸毛。白茶中的茶品有白毫银针、白牡丹、寿眉、贡眉、新工艺白茶等。其中芽茶包括白毫银针等茶品。叶茶包括白牡丹、寿眉、贡眉、新工艺白茶等茶品。

（4）乌龙茶：又称青茶，是半发酵的一类茶叶。加工工艺：萎凋→做青→炒青→揉捻→包揉做型→干燥→精制。做青的目的是使叶缘细胞损伤茶汁外渗，多酚类化合物氧化而使红边出现，同时增加香气成分化合物和可溶性糖的增加。总体上，按工艺划分为浓香型和清香型，也即传统工艺和现代工艺之分，但具体的花色品类之间仍然有较大的差异。青茶基本上又可分为四大派别：闽北武夷岩茶、闽南铁观音、广东单丛和台湾乌龙。传统工艺讲究金黄靓汤，绿叶红镶边，三红七绿发酵程度，总体风格香醇浓滑且耐冲泡；而新工艺讲究清新自然，形色翠绿，高香悠长，鲜爽甘厚，如铁观音。闽北的武夷岩茶和其他各类青茶相比，有较大的差异，主要是岩茶后期的炭焙程度较重，色泽乌润，汤色红橙明亮，有较重的火香或者焦炭味，口味较重，但花香浓郁，回甘持久，如大红袍，在火味中透着纯天然的花香，也是十分难得。青茶的香型较多，一般为花香、果香。铁观音的特点兰花香馥郁，滋味醇滑回甘，观音韵明显；单丛的特点是香高味浓，非常耐冲泡，回甘持久；台湾乌龙口感醇爽，花香浓郁，清新自然。典型代表有茗皇茶、大红袍、水仙、肉桂、铁观音、单丛、台湾高山乌龙、冻顶乌龙等。

闽北乌龙包括大红袍、水仙、肉桂、半天腰、奇兰、八仙等茶品。闽南乌龙包括铁观音、奇兰、水仙、黄金桂等茶品。广东乌龙凤凰单枞、凤凰水仙、岭头单枞等茶品。台湾乌龙包括冻顶乌龙，包种等茶品。

（5）黄茶：黄茶也是轻发酵茶，与绿茶相比，黄茶在干燥前或后增加了一道"闷黄"的工序，因此黄茶香气变纯，滋味变醇。加工工艺：杀青→揉捻→闷黄→干燥。黄茶的基本特点为"黄汤黄叶"，汤色黄亮，滋味醇厚回甘。而黄色黄汤的品质特征主要是在闷黄过程中形成的。黄茶加工就是根据绿叶变黄的实质，采取适当的加工技术，创造有利的条件，促进黄茶品质的形成和发展。黄茶的变黄，主要是在高温湿热条件下，叶绿素大量破坏，黄色物质更加显露出来。同时多酚类化合物在湿热作用下发生非酶性自动氧化，并产生一些黄色物质。茶叶内其他化学物质也产生一些相应的变化。黄茶包括黄芽茶、黄小茶、黄大茶。其中君山银针、霍山黄芽、蒙顶黄芽、皖西黄大茶、广东大叶青、北港毛尖、沩山白毛、平阳黄汤等为黄茶中的优质茶类。黄芽茶包括君山银针、霍山黄芽、蒙顶黄芽等茶品。黄小茶包括北港毛尖、沩山白毛尖、远安鹿苑、皖西黄小茶、平阳黄汤等茶品。黄大茶包括皖西黄大茶、广东大叶青、贵州海马宫茶等茶品。

（6）黑茶：黑茶是一种后发酵的茶叶。加工工艺：杀青→揉捻→渥堆→干燥→精制。渥堆的实质：是以微生物的活动为中心，在湿（相对湿度85%以上）、热（室温25℃以上）环境下，酶的参与下使茶的内含物质发生复杂的变化，塑造了黑茶独特的品质风味。渥堆时间一般20多小时。黑茶发酵过程中有大量微生物的形成和参与，香味变得更加醇和，汤色橙黄带红，干茶和叶底色泽都较暗褐。外形分为散茶和紧压茶等，有饼的，砖的，沱的和条的，香型有陈香或者樟香等。黑茶中的六堡茶有松木烟味和槟榔味，汤色深红透亮，滋味醇厚回甘。黑茶包括湖南黑茶、四川黑茶、云南普洱茶、湖北黑茶。

4. 茶叶的产销历史

中国是茶的发源地，中国人用茶、饮茶延续至今历经5000余年，并把茶叶推广成为世界上饮用人口最多、保健作用最显著的文明饮料。在中华大地上生产出的养生功效独特的茶叶和孕育出的底蕴深厚的茶文化，是中国对人类物质文明和精神文明的重要贡献。

据东汉时期成书的《神农本草》中记载："神农尝百草，日遇七十二毒，得茶而解之。"由此发现茶可作药用。世界上第一部茶叶专著、我国唐代陆羽所撰的《茶经》也记载有"茶之为饮，发乎神农氏，闻于鲁周公"，亦可证明5000年前的神农时代开始茶饮，3000多年前的西周初期，茶已名见经传。

随着人类生活的改善，人们逐渐改变了生嚼茶叶的习惯，转而将茶叶盛放在陶罐里加水生煮羹饮，追求茶的良好风味的尝试，发展了茶叶的生产与加工，并最终促使人们自然地养成了煮煎品饮的习惯。总之早期茶叶从食用药用到晒干收藏，再从蒸青造型到龙团凤饼，从唐朝到宋朝，贡茶兴起，成立贡茶院，组织官员研制制茶技术；从团茶到散茶；从蒸青到炒青继而演化到如今的六大茶类及再加工茶等。

20世纪起，世界茶园面积、茶叶生产量和出口量除二次大战期间停滞不前外，其余的年份均呈持续稳步增长。世界茶园面积从1910年（该年数据未包括中国茶园面积）到

1950年增加1.04倍，从1950～2000年增加1.40倍，2009年比2000年增长31.07%，平均每年增加3.88%，略低于20世纪90年代的平均速度（5.4%）。茶叶产量1950年比1910年增加59%，增长速度缓慢，平均每年增长速度不到1.5%。2000年的茶叶产量比1950年的产量增加3.58倍，平均每年增加7.16%。前40年平均年增长率<1.5%，而后58年平均年增长率为8.50%。这主要和20世纪60年代以来科学技术的迅猛发展有关。

我国茶产业从中华人民共和国成立以来一直呈持续增长势头。除20世纪60～70年代产量没有明显增加外，从1950～2000年，茶叶产量增加了9.98倍，平均每年增加19.96%。在半个多世纪中，50年代增加1.18倍，这主要是中华人民共和国初期茶园面积增加了1.3倍。70年代、80年代和90年代的产量分别比前10年相应增加了约2.18倍、2.23倍和1.73倍。其原因：一是茶园面积明显增加，2000年我国茶园面积比1950年增加了5.4倍；二是科技创新贡献巨大。21世纪以来中国茶叶产量持续增长，2010年的产量比2000年增加1.09倍，主要表现为产值得到明显增长。如2010年的茶叶总产值在1320亿上下，为2000年的14倍以上。茶产业的农业产值2010年为560亿元，比2000年增长520%。这主要是名优茶的持续增长，茶饮料的迅速增加和茶叶深加工带来的效益。2015年根据茶叶流通协会综合分析，2015年全国茶叶生产继续保持稳定，茶园面积增幅下降，产量继续增加，产品结构调整，提质增效明显。首先茶园面积低幅扩大。茶叶产量小幅增加。茶叶产值增加，六大茶类普遍增产，结构优化；名优茶产值产量超过大宗茶类。2015年全国18个产茶省茶园面积共计4316万亩，同比增长175万亩，增长率4.2%；采摘面积3387万亩，同比增加228万亩，增长7.22%。我国茶叶出口量在1950～2000年的50年间增加了12.18倍，平均每年增加4.83%。2005～2010年，茶叶出口每年略有增长，但增加不明显，维持在28万～30.8万t，平均每年增加2.0%。2009年突破30万t，创汇7亿美元。2000～2008年我国茶叶出口量年均增长率为3.39%；如果以该增长率计算，到2015年我国茶叶出口量达到32.5万t，到2020年我国茶叶出口量将达到46.8万t。同期，世界茶叶出口量年均增长率为2.71%。2016年我国茶叶出口量为32.9万t，同比上涨1.15%，增长幅度有所放缓。

三、茶叶产业的特点

首先，我国茶叶出口量一直在增长，但价格却在下降。主要是在国际茶叶市场上，茶叶不仅面临着绿色壁垒的影响，还面临一些品牌问题。曾长期供职中国茶叶总公司、现任中国国际茶业博览会组委会负责人的王彤指出：我国有众多名茶，但名茶并不等于名牌，茶业强势品牌的缺失已成为我国茶行业发展的障碍。中国茶业要加大名茶转化为名牌的工作力度，关键是增强知识产权意识和品牌意识，尽快形成中国茶业的名茶、名乡、名牌完整的品牌系列。要改变传统的发展思路，从而走向现代化的发展模式。

其次，茶叶种类由单一走向多样化。在茶文化热、有机茶热、保健茶热、名优茶兴起等多重因素下，茶叶的传统区域性消费习惯正在走向分解，取而代之的是更为现代的、多元化的茶叶消费趋势。

最后，中国的名茶，没有百来种少说也有几十种。虽然有众多的名茶，但名茶并不等于名牌，茶业强势品牌的缺失已成为我国茶行业发展的障碍。要剔除障碍，关键是增强知识产权意识和品牌意识，尽快形成中国茶业的名茶、名乡、名牌完整的品牌系列。

四、茶产业在社会、经济发展中的地位和作用

中国是世界茶树原产地的中心地带。茶叶是世界三大无醇饮料之一，是绿色保健饮料，也是云南、贵州、福建等省的经济作物之一，尤其是云南传统的大宗出口商品。发展中国茶业关乎着茶树种植大省茶农的脱贫增收，发展茶产业可以为人民的健康服务，也可以为出口换汇做贡献，可以满足茶树种植区群众日常生活所需，有利于开展退耕还林，绿化荒山，预防水土流失。茶业在建设社会主义新农村和全面建设小康社会进程中有着重要意义。

（一）茶产业为社会提供性价比优秀的各种优质茶叶

在日常生活中，茶叶之所以成为我国各族人民开门七件事之一，除了人们的习惯以外，主要是由于茶叶中含有许多有益人体健康的成分，对人体生理功能有一定的作用。在我国古籍中就有很多这方面的记述。如东汉时我国名医华佗所著的《食论》一书中说："苦荼久食，益意思"。就是说，经常饮茶，有利于思考。明代顾元庆所著的《茶谱》一书，就茶叶对人体的作用叙述得更为全面，书中说："人饮真茶，能止渴，消食除痰，少睡利尿，明目益思，除烦去腻，人固不可一日无茶。"

茶与健康有不解之缘，将"茶"字笔画分解即为"十十、八十八"，即二十加八十八，和为108，寓意饮茶可以活到108岁。"茶"包含有"长寿"的信息。

（二）茶产业对经济发展有重要作用

茶树在我国的分布范围较广，可以说，茶叶生产已成为产茶地区的经济支柱之一。同时，也对许多贫困地区的脱贫致富有着重要作用。

（三）茶产业业为外贸提供优势传统商品

中国茶叶已行销到世界五大洲180多个国家和地区。近年来，中国每年出口茶叶20万吨，创汇3亿多美元。1950～1998年，中国共出口茶叶450万吨，创汇近80亿美元，换回大量国家需要的进口物资。数据显示，2006年，中国茶叶出口28.7万吨，出口额达到5.47亿美元。

（四）发展茶产业，绿化主产茶区荒山

茶树是多年生不落叶常绿植物，适应性强，能绿化荒山，保持水土。敬爱的周总理曾高度赞扬茶叶说："茶叶是珍品，国内外都需要它，要多发展些。茶叶本身就是绿化，既美观、又是经济作物，再好也没有了。"

思考题

1. 从哪几个方面可以证明，中国是茶树起源地？
2. 云南茶叶生产有什么特点？云南茶业发展的优势与不足有哪些？
3. 茶叶分类的依据是什么？如何进行茶叶分类？
4. 论述茶产业在社会、经济发展中的地位和作用。

参考文献

［1］安徽农学院. 制茶学［M］. 北京：中国农业出版社,2014：25-43.

［2］骆耀平. 茶叶栽培学［M］. 北京：中国农业出版社,2008：337-364.

［3］刘勤晋. 茶文化学［M］. 第二版. 北京：中国农业出版社,2007：61-63.

第二章 茶叶鲜叶

茶叶鲜叶俗称"茶青"，是按照一定茶类的标准要求，从茶树树冠上采摘下来作制茶原料的芽叶的总称。它包括新梢的顶芽，及第一、二、三、四叶及梗。有人误将茶树上的"鲜叶"称为"茶叶"是不科学的，因为茶叶是鲜叶采摘下来进行加工之后的产品，才能称为茶叶，因此，要注意区分鲜叶与茶叶的区别。

鲜叶是茶叶品质的物质基础，优质的鲜叶才能制出优良的茶叶。同时，鲜叶还是制定合理制茶技术措施的依据。只有充分了解鲜叶的各种形态特征、物理特性、鲜叶的适应性和质量后，坚持合理的采摘原则并结合科学合理的采摘技术，才可能制定出合理的制茶工艺，采取合理的制茶措施，最大可能地发挥鲜叶的经济价值。

常见的鲜叶规格有全芽、一芽一叶、一芽二叶、一芽三叶、一芽四叶等等，依照叶子的展开程度不同又可以分为一芽一叶初展、一芽二叶出展、一芽三叶出展等。

第一节 鲜叶的形态

鲜叶的形态，包括鲜叶叶片大小、叶片形状、叶片厚度、梗和节间长度、百芽重和个重、容重等。通过这些区分可以描述茶叶线也的外形特征。不同形态的鲜叶，采用不同的加工技术，能够制作出所需要的茶叶品质。

一、鲜叶分类

鲜叶依叶片大小分为特大、大、中、小叶种，按照叶面积计算结果的数值进行判断。

特大叶种茶树：叶片面积$\geqslant 60cm^2$；

大叶种茶树：叶片面积$\geqslant 40\sim 60cm^2$；

中叶种茶树：叶片面积$\geqslant 20\sim 40cm^2$；

小叶种茶树：$\leqslant 20cm^2$；

叶片面积计算公式：

$$叶片面积=叶长（cm）\times 叶宽（cm）\times 0.7$$

（注：叶长不含叶尖和叶柄；叶宽指叶基和叶尖对折后的中间部位；0.7为叶面积系数）

鲜叶的叶片有卵圆形、倒卵圆形、椭圆形、长椭圆形、披针形、倒披针形、柳叶形等等。从制茶学角度需要，可以按照叶片长宽比值来划分，分为圆叶型和长叶型。有下面公示计算，比值R在2.2以下统称为圆叶形，比值R高于2.2的叶片同城为长叶形：

$$比值R=叶片长度（mm）/叶片宽度（mm）$$

长叶型适合制作细条形茶叶和圆形茶叶，圆叶形鲜叶更适合制作扁片形的茶叶。

鲜叶叶片厚度一般在0.20mm左右。叶片厚度随幼叶生长老化而增厚。叶片厚度，厚的比薄的质量好，俗称之肥厚。柔软度较高，内涵有效物质丰富。

二、鲜叶重

鲜叶的芽叶个重和百克芽叶个数，依据不同的品种和嫩度而有所不同。不同嫩度的芽叶百克个数不同，越是嫩，其百克个数越多，也就是说其鲜叶重量越轻，鲜叶越老，鲜叶重量越重。因此在同一品种同一地区条件下，芽叶百克个数也可作为鲜叶嫩度的指标。

第二节 鲜叶的适制性

一、地理条件的适制性

地理条件同样是影响鲜叶适制性的一个重要因素，地理条件主要包括纬度及地形地势的改变对鲜叶内含化学成分的影响，从而影响茶叶品质。

（一）纬度

就我国茶区分布而言，最北茶区处于北纬的38°左右（如山东半岛），最南的茶区是北纬18°～19°的海南岛。一般而言，纬度偏低的茶区特点是：年均温高，日照大，年生长期也较长，往往有利于碳素代谢，茶多酚含量相对较高，蛋白质、氨基酸的含量相对较低，面纬度较高的茶区，则呈相反的趋势，这种纬度给鲜叶化学成分带来的变化是由气候不同所造成的结果。除了品种差异所引起的差异外，纬度对茶叶内含化学成分的影响，对制茶原料的适制性变化是较大的。

（二）海拔高度

优异品质的形成与茶园生态环境密切相关。我国许多名茶都产于风景优美、气候温和湿润、土壤疏松肥沃，特别适宜茶树生长的自然环境中。例如黄山毛峰，太平猴魁产于海拔较高的峡谷之中；西湖龙井产于风景优美的西湖风景区，那里湖光山色，竹木成阴；碧螺春产于原江苏吴县太湖上的洞庭东、西二山，气候温和，冬暖夏凉，水汽丰富，云雾弥漫，茶果相间。茶树生长在优越的自然环境中，由于林木遮阴、日照短、光照弱、云雾多，气候温和湿润，茶树水分蒸发量减少，加之水土保持好，土壤有机质含量丰富，微生物活跃，土壤疏松肥沃，适合茶树耐荫，喜温喜湿好肥等特性，持嫩性好，叶质柔软，内含物丰富，尤其是氨基酸含量高，芳香物质丰富，鲜叶天然品质好，为茶叶优异的形成，尤其是独特品质风味的形成，起到了极其重要的作用。

常说"高山云雾出好茶"，但一些生态环境良好的低山也出好茶，不是好茶都产在高山，一些生态环境良好的低山也出好茶，关键是各种生态环境因子的综合作用。

二、季节的适制性

根据茶叶鲜叶的适制性的原理，茶农在茶季初期及时采摘较嫩的芽叶，加工少量的高级名优茶；等到茶叶鲜叶大量生长起来，采摘鲜叶之后制作大宗茶类。在茶叶企业生产过程中，掌握及时采摘，有利于提高产量增加企业的经济效益。如黄山茶区茶季初期，采制黄山毛峰，中期起采制烘青。据有关资料显示，由单一制青茶改为春茶前期采摘嫩叶制烘青，中后期采开面叶制青茶。这一改变，延长了茶叶的采摘期，由20天左右拉长到50天左右，消除了高峰期，又充分发挥了前后期鲜叶的适制性，提高了茶叶品质，也提高了茶农和企业的经济效益。

三、鲜叶形状与适制性

（一）鲜叶白毫

鲜叶背面着生的许多茸毛，称为白毫。

对同一品种茶树鲜叶而言，白毫多少标志着鲜叶老嫩，鲜叶愈嫩，白毫愈多，成茶品质也越好，尤其是红，绿茶表现更明显。俗话说"烘青看毫，炒青看苗。"在烘青制造中，由于白毫脱落很少，干茶白毫显露较多，说明品质好。在炒青制造中，通过炒干工艺白毫已基本脱落。在红茶制造中，由于揉捻时茶液黏附在白毫上面，经过发酵后，使白毫显现金黄的色泽，因此，金黄色白毫的多少反映出红茶品质的高低。

对于不同品种的茶树鲜叶而言，鲜叶嫩度相同而白毫的多少不同。如广西凌云白毛茶，不仅嫩叶背的茸毛如雪，而且老叶背面也有很多白毫。其他如福鼎大白茶、政和大白茶、乐昌白毛茶、南山白毛茶等品种，茸毛都特多。不同茶类对白毫的多少要求是不同的，有的茶类要求白毫多且显露，如显毫的白毫银针、绿茶毛峰、碧螺春，因此，鲜叶应选白毫多的芽叶。有的要求白毫多但隐而不显，如西湖龙井、南京雨花茶等，这些茶在炒制过程中，用磨光或搓揉的动作，使茸毛脱落或紧贴在茶身上。

（二）鲜叶叶张和叶质

鲜叶的形状、大小、厚薄和软硬与制茶品质有密切的关系，但这方面的研究资料较少。

对同一品种茶树鲜叶而言，叶片小的，一般细嫩且柔软，叶片大的，一般比较粗老而稍硬，若制同种茶类，则前者可塑性较好，制出的茶叶条索紧细，品质也较好。而后者，无论外形，内质都较差。

对不同茶树品种鲜叶而言，同样的芽叶标准，则叶片就有大有小，也不能以叶片大小来论嫩度。鲜叶形状与茶叶的外形有着密切的关系，按成熟叶片的长宽之比，叶形可

以划分为圆形，椭圆形、长椭圆形、披针形。其中，以椭圆形和长椭圆形居多。叶形是茶树品种遗传性状的表现。椭圆形的鲜叶长宽较适当，可以做多种形状的茶叶，适制性广如龙井茶、铁观音、祁红工夫等。长椭圆形和披针形，适制条形、针形和卷曲形茶；扁形茶（龙井）、针形、卷曲形茶面积一般宜小，尖形、片形茶叶叶形较大；乌龙茶要求叶较大而柔软适中，鲜叶小而嫩就不适合做青的要求；大叶种制红碎茶，品质优于小叶种。

鲜叶的厚薄，指叶肉肥或瘦薄而言，对同一品种，同样嫩度、肥培管理好、树势生长旺盛、叶肉肥厚，叶质柔软多汁，制出茶叶外形紧结、重实，品质好；肥培差，鲜叶薄而硬、制出茶叶，无论外形还是内质都较差。

我国不少茶区根据鲜叶适制性的原理，采用多茶类组合生产方式，于茶季初期及时采嫩的芽叶，制少量高级名茶，到芽叶大量生长起来，采制量一大宗类。掌握及时采，即延长了采摘时期，消除了高峰期限，解决了劳力矛盾，又充分发挥了前后期鲜叶的适制性，提高了茶叶产量和品质。

第三节　鲜叶的质量

鲜叶质量包括鲜叶嫩度、匀度和新鲜度。嫩度是鲜叶质量的主要指标。一般说鲜叶质量的好坏指的是嫩度和匀度，而新鲜度作为鲜叶采收过程和运输过程的失误所造成的，只要认真操作，是可以避免的。

一、鲜叶的嫩度

嫩度是指芽叶伸育的成熟度。芽叶是从营养芽伸育起来，随着芽叶的叶片增多，芽相应由粗大变为细小，最后停止成驻芽。叶片自展开成熟定型，叶面积逐渐扩大，叶肉组织厚度相应增加。

一般说：一芽一叶的嫩度大于一芽二叶，一芽二叶的嫩度大于对夹叶，一芽二叶初展的嫩度大于一芽二叶开展。

有人认为，叶片小的嫩度就好，这只能限制在同一品种、同一环境、同一栽培措施下。大叶种比小叶种同样嫩度的叶片大得多，树势旺的叶片比树势差的大，但不一定嫩度差。因此，叶片大小不能作为鲜叶嫩度的指标。

（一）鲜叶的芽叶组成与嫩度

除采制名茶外，一批鲜叶很难做到由一种芽叶组成，通常都有是由各种芽叶混杂而成的。因此，评定鲜叶嫩度和给鲜叶定级，一般应用芽叶组成分析法。从1957年起，一些国营茶厂开始制订鲜叶分级标准，作为收购鲜叶和加工的依据。

芽叶组成分析方法，虽然简单易行，但终究要花不少时间，收购鲜叶评级时难以应用。目前生产上仍以感观评定方法为主，芽叶组成分析法作为参考，有争议时采用。即使这样，有时芽叶组成分析结果还是难以解决问题。如同是一芽二叶，留叶采的程度不同，采下的一芽二叶的嫩度是不同的。衰老茶树和长势旺盛茶树，同是一芽二叶的嫩度就不一样。

皖南茶区总结出鲜叶感观评级的经验，一看芽头，即芽头大小，数量多少；二看叶张，即第一叶和第二叶开展度；三看老叶，即单片叶和一芽三四叶老化程度和数量。

（二）鲜叶的柔软度与嫩度

鲜叶柔软度是指叶片的软硬程度，它与嫩度密切相关，是测定鲜叶质量的重要项目之一。

叶片内部组织结构不同，鲜叶柔软度表现不一样。芽叶伸育过程中，叶内组织结构逐渐发育，栅栏组织的排列由不明显到排列很有规则，细胞体积由小变大，细胞膜加厚。据研究，成熟叶比细嫩的叶肉厚度增加了近一倍，老叶比幼嫩叶纤维素含量增多，叶质变硬。

另外，不同品种鲜叶的栅栏组织不同，有的仅一层，有的多达三层鲜叶海绵组织，有的细胞大，细胞间隙也大，排列疏松，有的细胞小，排列紧密。海绵组织是叶子营养物质的贮藏场所。

一般而言，栅栏组织层次多，柔软度下降。

海绵组织细胞大，柔软度好，嫩度高，内含物也丰富。

因此，不同嫩度、不同品种的鲜叶，其柔软度不同，有效物质含量也不同。

鲜叶柔软度与制茶技术关系很大，制茶过程的造形，加压大小，时间长短等，在很大程度上都依据柔软度来决定。

鲜叶色度同样能反映嫩度，新梢在发育时期，叶绿素含量变化很大，幼嫩叶叶绿素含量低，成熟定型后高，因此幼嫩叶的色度较浅，呈嫩绿色，随芽叶成熟，绿色加深。

二、鲜叶的匀度

评定鲜叶质量的另一个重要指标就是匀度。匀度是指同一批鲜叶理化性状的一致性程度。无论哪种茶类都要求鲜叶匀度好，如鲜叶质量混杂，制茶技术就无所适从。生产上最突出的是老嫩混杂，这对初制操作和茶叶品质影响最大。如同一批鲜叶老嫩不一，则内含成分不同，叶质软硬程度不同，就会造成杀青老嫩生熟不一，在揉捻中嫩叶断碎，老叶不成条，干燥时出现干湿不匀，茶末、碎茶过多的现象，而且还会给毛茶精制带来麻烦。

在广泛使用机械采茶时，如何提高鲜叶匀度，将成为重要研究课题。国内外正在着手鲜叶分级机具的研究。有的地方采用风选原理，使不同的鲜叶质量分开，杭州龙井茶区用筛分方法分离，涌溪火青、碧螺春等名茶都是用手工拣剔方法解决鲜叶质量不匀。

为了使鲜叶质量均匀一致，可以采取以下措施：

（1）采用同一品种茶树的鲜叶。

（2）茶树生长的生态环境基本相同，日照短、有遮阴的鲜叶，叶绿素含量多，叶

色浓绿、叶质厚，持嫩好。

（3）采摘标准基本一致。

三、鲜叶新鲜度

离体鲜叶保持原有理化性状的程度，称为新鲜度，它是鲜叶质量的重要指标之一。一般而言，鲜叶新鲜度高，毛茶质量好。因此，生产上要求鲜叶现采现制或较短的时间内付制。

鲜叶失鲜的品质变化与鲜叶摊放、轻萎凋的品质变化，从制茶角度来说是不同的，鲜叶开始失去新鲜感，鲜艳的色泽消失，清新的兰花香减退，以及内含物的分解，这些变化与鲜叶摊放、轻萎凋相似的。但是，鲜叶摊放，轻萎凋是制茶中的一个工序，是受到制茶技术限制的，是有意使鲜叶完成一定的内质变化，为下一工序做准备。而鲜叶失鲜的这些品质变化是在失控的条件下产生的，它会沿着鲜时劣度的方向发展下去，直到失去制茶的价值。

鲜叶失鲜的变化速度，在正常条件下开始比较缓慢，保持一天是不成问题的。但是如果操作失误，如将鲜叶紧紧装在布袋里（或木框里），弄伤了芽叶，叶温内部升温，受伤芽叶加速氧化，进一步导致叶温上升，温度的升高，反过来又加速芽叶的氧化，如此产生恶性循环，不用多久，鲜叶便变红，出现酒味的腐败气味，有效物质被消耗，直至失去制茶的价值。

鲜叶失鲜与如下采制过程有关：

（1）采收阶段，不按操作规定操作，抓伤了芽叶。

（2）运输阶段：运输中没有遮阴设备，鲜叶受到日晒；没有专用鲜叶筐而用袋装，又透风引起叶子升温；运输时间太长等。

（3）保管阶段：鲜叶进厂后，不能及时付制，又没有采取合理的保鲜技术而使大批鲜叶失鲜。

鲜叶新鲜度的感观评判标准：一看叶色有无红变，即使只有少量红变，也表明该批鲜叶有劣变。二嗅香气，新鲜度好的鲜叶具有兰花清香或清爽香；若嗅到浓气味，说明鲜叶新鲜度中等；若嗅到酒精味、恶气、腐料气味，则表明新鲜或变质。

四、鲜叶等级与质量

鲜叶等级标准与鲜叶质量是两个不同的概念，同时又相互联系。鲜叶的等级标准依据各种茶类、品种花色而异。如工夫红茶的一级鲜叶以一芽一叶初展和一芽二叶初展为主体。而水仙青茶的一级鲜叶，则是以小开面的一芯二三叶为主体，混有有芽的嫩叶则要降级，白毫银针和君山银针用的是全芽。同是绿茶的名茶，碧螺春、龙井要一芽一叶初展，火青要一芽二叶初展。这些差别是由于各类茶花色品种的品质规格不同，而对鲜叶的质量要求不同的缘故。

通常鲜叶等级标准均冠以茶类品种，如工夫红茶鲜叶等级标准。鲜叶质量是鲜叶品质的量度，鲜叶等级标准时具体的鲜叶质量。比如全芽的鲜叶质量（主要指嫩度和匀度）高，但用它来制龙井就不合适，对龙井鲜叶标准来说，全芽并不是最合适的，不符合龙井加工等级标准；六安瓜片采摘标准以一芽二三叶为主，同时对采摘的鲜叶进行扳片，去除鲜叶的嫩芽和梗，只取二三叶进行加工制作，这种标准亦不适宜普通的一芽一叶、一芽二叶……的划分。

总之，鲜叶质量高低与鲜叶等级高低没有绝对关系，鲜叶的好坏要根据所制茶类品种花色的鲜叶等级标准进行判断。鲜叶质量是鲜叶品质的总量度，鲜叶等级标准是根据只差品质的需要应用鲜叶质量来划分。有了鲜叶质量检测方法，鲜叶等级的鉴定也就不成问题。

第四节　鲜叶采摘

一、采摘原则

（一）合理采摘

采摘使茶树未老先衰。采摘要根据茶树不同阶段的生长特点、人们的需要、所制茶类的需要等，因时、因地、因树、因枝采摘茶叶。掌握以采促养，以养保采，采养结合，量质兼顾的原则，分批、多次、及时采摘以达到既能提高当前的产量和质量，又能促进茶树旺盛生长，向稳产丰产的方向发展，并不断提高今后的产量和质量。

（二）分级采摘

鲜叶的采摘标准，根据不同要求，有不同的要求标准。名贵茶叶要求细嫩采摘，一般红绿茶，普遍的采摘标准是一芽二三叶及同等嫩度的对夹叶。而乌龙茶、老黑茶、老青茶、边销茶，则是以一芽四五叶或形成驻芽的全部新梢。

（三）采留结合

（1）管理条件下的茶园可以采取春茶留鱼叶，夏茶留一叶，秋茶留鱼叶。或采摘2~3轮后一叶和鱼叶轮换留叶。实际采摘中，根据茶树的生长情况和不同茶类的要求，按采摘标准适当留叶，采大留小、采顶留边，分批、多次及时采摘。

（2）名优茶采摘，春茶期间尽可能多采名优茶鲜叶原料。夏、秋茶可适当采摘名优茶或大宗茶原料，但应做到夏茶留一叶采，秋茶适当留叶。高山茶园或低丘生长不良的茶园，春茶后期就应留叶采，夏、秋茶少采或不采，要提早封园，集中留养。

（四）据树龄不同采茶

（1）幼龄茶树的采摘应掌握"以养为主，以采为辅，采高留低，多留少采，轻采

养篷"的原则。

（2）成年茶树应掌握"以采为主，采养结合"的原则，采用留部分芽叶采摘法。

（3）老年茶树的采摘留叶必须视树势强弱及衰老程度不同而用不同的采茶方法。

（4）衰老严重的茶树需要实施重修剪或台刈更新树冠，开始可按幼年茶树的打顶采法；到第二三年时少采多留，采用留三叶和留一叶相结合的采摘法；当冠高达70cm以上，蓬宽100cm以上时，可用成年茶树的采摘法。

（五）开采期

在手工采的情况下，一般大宗红绿茶，当春茶新梢在树冠上有10%～15%达到采摘标准，夏秋茶有10%达到采摘标准时就要开采。采摘细嫩的名茶，一般当春茶有5%达到采摘标准时就要开采。

（六）采摘周期

春茶一般以4～6d为宜，夏秋茶6～8d为宜，采摘嫩度要求高的高级名茶或高档优质红绿茶，一般应缩短到每隔2～3d采1次，机械采摘的，一般每季茶只采2批，春茶为12～24d，夏秋茶为20～30d。

二、采摘技术

（一）采摘方法

1. 手采法

打顶采摘法。在1～3龄的幼年茶树或更新复壮后最初1～2年时采用，当新梢展叶5～6片以上叶子时或当新梢即将停止时，采去一芽二三叶，留下基部三片或四片叶子，要求做到采高养低，采顶养侧，以促进分枝，扩大树冠。

二是留叶采摘法，又称留大叶采摘法。这是一种以采为主，采留结合的方法，时当新梢长到一芽三四叶或一芽四五叶时，采去一芽二三叶，留下基部一片或两片大叶。

三是留鱼叶采摘法，又称留奶叶采摘法。是一种以采为主的采摘法，是名茶和大宗茶的采摘方法，一般是当新梢长到一芽一二叶或一芽二三叶时将其采下，只把鱼叶留在树上。

2. 机采法

机型以双人担架式采茶机为主，机采茶园的栽培技术措施：一是留蓄秋梢；二是选用良种；三是增施肥料；四是重视修剪。

（二）各茶类采摘方法

1. 绿茶采摘

（1）名优绿茶采摘

制作名优茶类的茶叶要求细嫩采。大多数的名优茶对鲜叶的嫩度和均匀度要求较

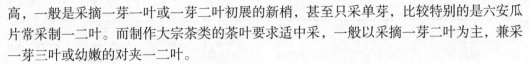

高，一般是采摘一芽一叶或一芽二叶初展的新梢，甚至只采单芽，比较特别的是六安瓜片常采制一二叶。而制作大宗茶类的茶叶要求适中采，一般以采摘一芽二叶为主，兼采一芽三叶或幼嫩的对夹一二叶。

（2）采摘标准

绿茶不同的等级有着不同的采摘标准，具体采摘标准应符合如表2-1规定。

表2-1　鲜叶采摘标准

级别	芽叶组成
特级	85%以上为单芽，其余为一芽一叶初展
一级	85%以上为一芽一叶初展，其余为一芽一叶
二级	70%以上为一芽一叶，其余为一芽二叶初展
三级	60%以上为一芽二叶或同等嫩度的对夹叶
四级	60%以上为一芽二叶，其余为一芽三叶或同等嫩度的对夹叶

2. 红茶采摘

根据红茶特性以及加工要求进行合理的采摘，手工采摘应采用提手采。鲜叶采摘应符合表2-2的规定。

表2-2　红茶采摘标准

级别	芽叶组成
单芽茶	95%以上为单芽
特级	85%以上为一芽一叶初展，其余为一芽一叶
一级	80%以上为一芽一叶，其余为一芽二叶初展
二级	70%以上为一芽二叶或同等嫩度的对夹叶
三级	60%以上为一芽二叶，其余为一芽三叶或同等嫩度的对夹叶

3. 黄茶采摘

根据黄茶特性以及加工要求进行合理的采摘，手工采摘应采用提手采。鲜叶采摘应符合表2-3的规定。

表2-3　黄茶采摘标准

级别	芽叶组成
芽型茶	90%以上为单芽，其余为一芽一叶初展
芽叶型	80%以上为一芽一叶，其余为一芽二叶初展
大叶型	一芽多叶

4. 白茶采摘

白茶采摘根据白茶特质以及加工要求的不同进行合理采摘，具体采摘按照表2-4规定。

表2-4　白茶采摘标准

级别	芽叶组成
芽型茶	90%以上为单芽，其余为一芽一叶初展
芽叶型	80%以上为一芽一叶，其余为一芽二叶初展
大叶型	采用一芽二叶或一芽多叶

5. 乌龙茶采摘

根据乌龙茶特质以及加工要求的不同进行合理采摘，常用的采摘方法为手采法与机采两种，机采应保证鲜叶质量，保证无害，防止污染。具体采摘按照以下规定。

采摘以顶叶小开面到中开面存在二三叶驻芽为优。春秋茶通常予以中开面采摘，夏暑茶通常予以小开面采摘；对于丰产茶园根据其持嫩性，通常予以中开面采摘；一般茶园则以小开面采摘。

6. 普洱茶采摘

根据云南大叶种特质以及加工要求的不同进行合理采摘，常用的采摘方法为手采法与机采两种，机采应保证鲜叶质量，保证无害，防止污染。具体采摘表2-5规定。

表2-5　普洱茶采摘标准

级别	芽叶组成
特级	70%以上为一芽一叶，其余为一芽二叶
一级	70%以上为一芽二叶，其余为同等嫩度其他芽叶
二级	60%以上为一芽二三叶，其余为同等嫩度其他芽叶
三级	50%以上为一芽二三叶，其余为同等嫩度其他芽叶
四级	70%以上为一芽三四叶，其余为同等嫩度其他芽叶
五级	50%以上为三四叶，其余为同等嫩度其他芽叶

思考题

1. 如何科学地判断茶叶的外形？
2. 茶鲜叶的白毫具体指什么？茶叶带白毫是好是坏？
3. 茶鲜叶嫩度和等级的关系是什么？
4. 鲜叶采摘的原则是什么？
5. 茶叶采摘方法有哪些？
6. 绿茶、红茶、白茶、黄茶、乌龙茶的采摘标准和等级的关系？
7. 普洱茶的采摘标准与等级如何划分？

参考文献

［1］安徽农学院. 制茶学［M］. 北京：中国农业出版社, 2014：25-43.

［2］骆耀平. 茶叶栽培学［M］. 北京：中国农业出版社, 2008：337-364.

［3］GB/T 31748-2015, 茶鲜叶处理要求［S］.

［4］NY/T 5018-2015, 茶叶生产技术规程［S］.

第三章 绿茶加工

绿茶是我国主要茶类。我国绿茶生产历史悠久，产区广，产品多，质量好，是世界上大的绿茶产区。全国生产绿茶的省区有，浙江、安徽、江西、湖南、四川、云南、贵州、广东、广西、福建、湖北、江苏、陕西、河南、山东、台湾等。

我国绿茶种类很多，以生产绿茶为主，烘青、珠茶次之，著名的特种绿茶，如西湖龙井、洞庭碧螺春、黄山毛峰、六安瓜片、信阳毛尖等，名目繁多，品种特异，驰名中外。

第一节 概 述

一、产销概况

绿茶我国生产的主要茶类之一。历史久、产区广、产量多、品质好、销区稳，这是我国绿茶生产的基本特点。

我国绿茶生产以眉茶为最，因成品茶外形成条，略弯曲，辉白，似人眉毛而得名。鲜叶加工最后阶段的干燥用炒干方法，故习惯上称其毛茶为炒青。为了与加工珠茶的圆炒青相区别，又称为长炒青。

原产皖南茶区，安徽省的休宁、婺源（现江西省）、歙县、祁门的东乡，都是历史上主要的眉茶产区。当时毛茶都集中在安徽屯溪加工，故成品茶也称屯绿，其在历史上颇负盛名，然后茶区逐步扩大到浙江省遂淳茶区（遂安、淳安、开化、常山等地）。自婺源划归江西后，产地由婺源扩大到德兴、乐平等地。目前，全国各产茶区都有生产。

绿茶产区依产地分为：安徽屯绿、芜绿、舒绿三个产区，浙江杭绿、遂绿，温绿三个产区，江西婺绿、锅绿两个产区，湖南的湘绿，广东的粤绿，贵州的黔绿，四川的川绿，云南的滇绿，此外江苏、湖北、陕西、广西、台湾、山东等都有生产。绿茶生产始源于安徽皖南山区，以安徽、浙江、江西三省为主。各省所产绿茶由于地区不同，品质略有差异，但初制工序统分为杀青、揉捻、干燥三个过程。

据有关数据显示，2015年中国绿茶产量达143.80万吨，出口量达27.20万吨，内销量为93.28万吨。2011～2015年，中国绿茶产量年均复合增长率为6%。2015年绿茶产量前5省区分别为四川、贵州、云南、浙江、湖北等省，产量分别达到20.82万吨、18.73万吨、17.05万吨、16.41万吨、13.05万吨。

二、能力要求

熟练掌握绿茶及名优绿茶加工的鲜叶管理、杀青、揉捻和干燥等加工工艺流程、工序技术参数、要求和操作要领；熟练掌握绿茶工艺指标测定方法，能对在制品进行质量分析和控制；能熟练、独立地进行绿茶及名优绿茶加工；能结合生产实际，总结各种绿茶初制工艺线。初步具备从事与茶叶加工相关的科研与技术推广能力。

理解和掌握绿茶品质形成的基本知识、基本理论。熟练掌握绿茶（炒青、烘青及扁型、卷曲型、毛峰型等名优绿茶）加工工艺和技术，包括：①鲜叶管理，摊叶厚度，摊叶时间，鲜叶处理方法，鲜叶在摊放中的变化及与品质的关系；②杀青，杀青机械类型及型号，杀青温度，投叶量，杀青方法，全程杀青时间，杀青叶叶象观察及质量分析；③揉捻，揉捻机械型号，揉捻机转速，投叶量，揉捻方法，全程揉捻时间，揉捻叶象观察及质量分析；④干燥，干燥机械类型及型号，投叶量，干燥工艺和方法，全程时间，叶象观察及毛茶品质分析。

第二节　绿茶加工

一、鲜叶要求

绿茶产品花色较多，有大宗绿茶和特种绿茶，它们对鲜叶的要求不同。大宗绿茶分炒青（眉茶、珠茶）、烘青和蒸青三类，特种绿茶依形状不同可分若干类。

大宗绿茶的鲜叶要求：具有一定的成熟度，采一芽二三叶及同等嫩度的对夹叶。

特种绿茶的鲜叶要求：单芽、一芽一叶（初展、开展）、一芽二叶初展等。

绿茶对鲜叶的共同要求：

（1）色泽：深绿色，色黄和色紫都不宜。

（2）叶型大小：中小叶为宜。

（3）化学成分的组成：叶绿素和蛋白质的含量高，多酚类化合物含量不宜太高，尤其是花青素含量要低为宜。前述色泽、叶型大小和化学成分的组成具有较大的相关性。

二、杀青

（一）杀青的目的

杀青是绿茶初制的第一道关键工序。鲜叶通过杀青，为绿茶形质的形成打下基础。因此，鲜叶经过高温杀青，要求达到以下几点目的：

（1）破坏鲜叶中酶的活性，防止叶子红变，为保持绿茶绿叶清汤的品质特征奠定基础。

（2）蒸发叶内一部分水分，从而降低细胞的膨压，增强韧性，使叶质变软，为揉捻成条创造条件。

（3）随着叶内水分蒸发，使叶内具有青草气的低沸点芳香物挥发，增进茶香。

（二）杀青技术

现各地茶区使用的杀青机具种类很多，型号不一，但基本上可分为三种类型：锅式杀青机，槽式连续杀青机，滚筒式连续杀青机。

1. 锅式杀青机

锅式杀青机是我国当前使用较普遍的机具，现有双灶双锅，一灶二锅连续杀青机，一灶三锅连续杀青机三种。虽机型不同，但基本原理相同，作技术大同小异，现以型双灶双杀青机为例说明，

锅温　在一般正常操作锅温在220～280℃，晴天嫩叶为220～230℃（白天看锅底约有10cm左右灰白圈，夜看红圈），叶下锅后有炒芝麻响声。老叶为230～240℃，叶子下锅有较响爆炸声。雨水叶、露水叶表面水多，锅温必须在260～270℃以上。表面水多的叶子最好薄摊于通风处，蒸发一部分水分再行杀青。这样既节省燃料，又能提高杀青叶质量。杀青温度应掌握高温杀青，先高后低的原则，切勿忽高忽低。

投叶量　在正常锅温的条件下，投叶量一般掌握在5～7kg范围之内，但应视锅温、原料老嫩、叶表面水多少等条件灵活掌握。如锅温高，投叶量可适当多些，使锅温下降，反之则少，雨露水叶比晴天的叶子少些，老叶则比嫩叶少些。总之投叶量可灵活掌握，以达到调节锅温的作用。但调节幅度也不可太大。否则就要影响杀青叶的质量和工效。

时间　杀青要求高温快速，在杀匀、杀透的前提下，尽可能缩短时间，才能提高杀青叶的质量。杀青时间长短受锅温、投叶量、炒法、原料等各种因素的影响。一般晴天嫩叶7～8min，老叶5～6min，雨露水叶10min。杀青时间长，杀青叶的色泽，香气都要受到影响。因此，在生产实践中必须正确掌握好锅温高低和投叶量多少，以保证杀青叶质量。

杀青方法　杀青方法应拿捏"透闷结合，多透少闷"的原则。在一般情况下，晴天嫩叶下锅后先透片刻再闷炒1～2min。当看到大量水蒸气从锅盖的四面冒出来，即掀盖进行炒至适度。老叶和摊放时间长的叶子，下锅闷杀时间3min左右再透炒。细嫩芽，重雨水叶则全程透炒。表面水不多的露水叶，先透炒2～3min，待水分蒸发一部分后，闷杀1～1.5min，再进炒至适度。但闷杀时间不宜过长，否则使叶色变黄，带水闷气。至于闷、透先后顺序问题，各地掌握不一，一般是鲜叶下锅蒸发一部分水分后，再先闷后透，这是与锅温先高后低原则相一致的。

一灶二锅、一灶三锅杀青机，是锅式连续杀青的机具。一锅烧火，火苗通过火道进入第二、三口锅使之受热。这种加热，第一口锅温可达350℃左右，第二口锅锅温270～280℃，第三口锅锅温180～200℃。鲜叶投入第一口锅，利用高温温杀达到迅速破

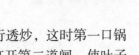

坏酶的活性的目，然后打开第一道闸门，使叶子转入第二口锅进行透炒，这时第一口锅再投入鲜叶，其方法同上。叶子在第二口锅中透炒3～5min后，打开第二道闸，使叶子转入第三口锅，直到适度出叶。叶子出完后，关闭出茶门。这样第一口锅不断进叶，第三口锅不断出叶，进行连续生产。

根据一灶三锅连续杀青机的生产情况，第三口锅温度较低，延长全程时间，操作烦琐。因此，有的茶区把三锅改成两锅，其工艺完全符合要求，操作更为简便，方法与一灶三锅相同。

2. 槽式连续杀青机

槽式杀青机是具有我国锅式传统风格的连续化生产的杀青作业机具。目前各地槽式杀青机各有差异，仍未定型。

槽式杀青机由主机（槽锅、锅腔盖、炒手、主轴、传动）、炉灶、输送三部分组成。槽锅里筒状半圆形，半径300mm，长度为4m，由四段瓦形铸铁件连接而成。槽锅中间主轴上安装倾斜15°的炒手15副，使杀青叶从槽锅的进口处逐步翻炒推至出口处，达到连续杀青的目的。锅腔前端2／3部分装有拱形一罩三扇，以控制锅温，达到闷杀的目的。

在杀青时根据鲜叶老嫩，晴、雨天叶不同原料，控制锅温高低采取不同的闷透方法，调整输送鲜叶的数量，保证杀青叶的质量。

3. 滚筒连续杀青机

滚筒连续杀青机，目前在生产上试用的有5～6种形式，其机械结构大同小异，设计原理基本相同，所用的燃料有油、煤、柴之分。

滚筒杀青机由筒体、炉灶、输送三部分组成。炉灶内燃旺后启动机子，当温度升高至200℃以上，筒体灼烧部分发红，开始投叶10～15kg，然后再连续均匀投叶（一次叶量不宜过多）。在生产过程中，根据温度适当地增减投叶量，在停机前要降低温度以免最后出来的叶子烧焦。

（三）杀青程度

杀青叶适度的标准，叶色由鲜绿变为暗绿，叶面失去光泽，叶质柔软、萎卷，折梗不断，手紧成团，松手不易散开，青草气失，而显露清香，即为杀青适度，立即起锅。

三、揉捻

（一）揉捻目的

揉捻是绿茶初的第二道工序，是形成绿茶外形的主工序。杀青叶通过揉捻以达到以下目的：

（1）揉紧茶条，为形成炒青绿茶紧结、圆直、匀整的外形打下基础。

（2）使茶汁挤出附着在叶表面，冲泡时溶解于茶汤，增进茶汤的浓度。

（二）揉捻技术

揉捻必须根据揉捻机的性能，叶质老嫩、匀度和杀青质量来正确掌握揉捻方法。特别注意投叶量、揉捻时间、压力大小和解块筛分、揉捻适度等技术环节，才能提高揉捻叶的质量，保证优良产品。

目前我国茶区生产上使用的揉捻机类型很多，大小不一。现在普遍采用的揉捻机有：铁本结构的双桶、四桶揉捻机，皖64–1型单桶揉捻机，湘新式揉捻机，闽农50型揉捻机，闽东40型揉捻机，祁门50型、65型揉捻机，杭州55型、65型揉捻机等几种类型。近两年来，我国茶叶科技人员为加速我国制茶连续化生产，先后试制成圆盘式、平板履带式、转子立式、滚子式等各种类型连续揉捻机。其中浙江试制的圆盘式6CR840型连续揉捻机，经鉴定，基本上达到设计要求，揉捻叶条索紧结，叶张完整、末茶少，台时产量杀青叶200kg。其余类型仍需继续研究改进。

投叶量的多少，直接关系到揉捻质量工效。投叶量过多，叶子在揉桶内翻转困难，揉捻不均匀，碎叶较多，而且时间较长，叶子过少，则不易成条，工效低，碎茶多。因此，必须掌握好各类揉捻机的投叶量。

（三）揉捻程度

揉捻适度的叶子要求嫩叶成条率达80%～90%，低级粗老叶成条率在60%以上。细胞破坏率在45%～65%，如高于70%，则芽叶断碎严重，滋味苦涩，茶汤浑浊，不耐冲泡。低于40%，虽耐冲泡，但茶汤淡薄，条索不紧结。

揉捻叶下机以后，立即进行解块干燥。切勿久置，以免叶色变黄、霉变。尤其是杀青不足的叶子，揉好后立即以较高温度进行干燥，防止继续红变。

四、干燥

（一）干燥的目的

干燥是绿茶初制的最后一道工序，是整形做形，固定茶叶品质，发展茶香的重要工序。

（1）继续蒸发叶内的水分，使毛茶充分风干，其含水量要求在6%左右，便于贮运。

（2）彻底破坏叶中残余酶的活性，保持绿叶清汤的品质特征。继续散发青草气，促进一些内含成分的变化，巩固和发展茶香，增进茶叶滋味醇浓。

（3）在揉捻成条的基础上，进一步做成紧结、圆直、匀整的条形。

（二）干燥技术

绿茶干燥工序分三次进行。即烘湿坯→炒毛坯→炒足干（又称足火）。

根据绿茶在干燥过程中形质的转化规律，目前各地对于干燥机具和工艺流程进行了革新，下面就现行的几种干燥工艺流程介绍如下：

1. 锅炒毛坯（湿坯和毛坯）——锅炒足干

锅炒毛坯（湿坯和毛坯）掌握锅温120～130℃，每锅投叶量5kg左右。叶子下锅后，即可听到有微弱的炒芝麻的响声，随着叶内水分蒸发，锅温逐渐降低。炒30min（即七成干）左右，手捏有触手的感觉便起锅。摊凉半个小时，使叶内水分重新分布（即回潮），再行足干。

锅炒足干主要是继续蒸发水分，使毛茶含水量下降至6%左右，同时进行整形做色，发展茶香。因此，足干时锅温应先高后低。投叶量为毛火5～7kg，备叶子下锅时温度90～100℃，随着叶内水分的减少，温度慢慢降低至60℃左右。全程炒40～60min，手捻茶条成粉末，便起锅，稍摊凉后装袋。

锅炒毛坯和锅炒足干的干燥方法是过去传统绿茶加工普遍采用的方法。只要掌握好火候便能做出紧结、圆直、油润的茶条。但也存在一些问题，如毛火阶段，揉捻叶在锅内炒，茶叶表面的茶汁粘在锅面，形成锅巴，使滋味淡而欠醇，扁条、碎茶多。足火阶段叶含水量降至15%左右，叶子脆硬，且由于炒手撞击而使茶条断碎。根据以上存在的问题，分析原因，找出解决的办法：一方面对机子本身进行改进，适当调节炒干机的转速，炒手与主轴夹角大小及炒手与锅之间的间隙等。通过实践证明，安装炒手时，边炒手与主轴夹角为40°，中炒手与主轴夹角为20°，这样的夹角范围，炒手与茶叶接触面小，挤压力、冲击力减小，碎茶率大大降低。另一方面根据干燥的目的必须对干燥机具和干燥工艺流程进行适当改进。

2. 烘或滚湿坯→锅炒毛坯→锅炒足干

这种方法基本上与全炒相同。不同之处只是将锅炒毛坯分为：烘或滚湿坯和锅炒毛坯二阶段。这种以烘（滚）代炒的方法克服了揉捻叶直接下锅炒毛火所产生的锅巴现象。目前烘坯的机具有烘笼、手拉百叶烘干机、自动烘干机等，滚湿坯使用的是滚筒炒坯炒干机。烘或滚的具体做法如下：

炭火烘坯　温度90～100℃。每笼投叶量0.75～1kg，每隔2～3min翻一次，时间10min左右。翻拌时烘笼移出火坑，以免茶末落入炭火，使茶坯带有烟味。

手拉百叶烘干机烘坯　生火后开动鼓风机，使热空气进入烘箱。当进风口热空气温度达120～130℃，才开始上叶。摊叶厚度1.00～1.50cm。每3～5min，拉动第一层百叶板，使上面叶子落到第二层百叶板上，然后在第一层百叶板上再上叶。上烘叶子经过六层百叶板后落入出茶门。

自动烘干机烘坯　此法采用高温、快速、薄摊。进风口温度120～130℃。叶子由输送带自动送入烘箱，约10min，烘坯至三成干。出叶含水量40%，失水率15%～20%时即下机。叶子要立即摊开，厚度5cm摊凉20min左右。

滚筒炒坯炒干机炒干　是以滚代炒的方式使之达到以烘代炒的目的。操作时温度150℃，每桶投叶量10～15kg，上叶后5min开动风扇进行排气。全程滚15～20min，达三四成干，即下叶。

烘或滚下叶后，稍经片刻摊凉，再进行锅炒毛坯。达七八成干下叶，摊凉30min后再进行锅炒足干。具体操作与前种方法基本相同。

3. 滚湿坯→炒毛坯→滚足干

滚筒炒湿坯和锅炒毛坯的做法与前第二种相同，唯足干是由滚筒炒干机完成的。其具体操作：温度掌握先高后低，开始温度100℃，以后逐渐下降。机转速20~24转/分。投叶量25kg以上。当上叶后5min开风扇。达九成干时关闭风扇，滚炒至足干。

4. 滚湿坯→滚毛坯→炒足干

此种工艺是滚筒炒湿坯达四成干后，下叶摊凉。然后再上滚筒滚毛坯。此时温度要掌握100~110℃，投叶量20~25kg湿坯叶。炒至滚筒内有大量水蒸气时，开动风扇，排出水气。以后根据水气多少随时开动风扇。一般滚25~30min，此时叶含水量约20%，减重率25%~30%，手捏茶条有触手感觉又不断碎。下叶摊凉30min，再进行锅炒足干。其方法与前面炒足干相同。

5. 全滚

干燥全过程都在滚筒内完成。具体操作方法可参考以上几种进行。

（三）干燥程度

湿坯叶含水量40%~45%，嫩叶可略干一些，老叶可潮一些。减重率25%~30%。条索卷缩，手捏不粘，松手散开，叶色暗绿。

毛火叶含水量15%左右，达七八成干，减重率25%~30%。条索紧卷，手捏茶条有刺手感。

毛茶含水量6%左右，减重率15%。条索紧结、圆直、油润、色绿、香气清高，手捻成末。毛茶起锅后，稍经摊凉即装袋待运。

第三节　绿茶精制加工技术

一、西湖龙井加工工艺

西湖龙井是我国十大名茶之一，以"色绿""香郁""味甘""形美"四绝著称。龙井茶作为历史名茶，具有深厚的文化底蕴和悠久的历史渊源，其采制技术相当考究，0.50kg西湖龙井一般需要2.00~2.50kg青叶，经过采摘、摊放、杀青、回潮、辉锅、分筛、挺长头、归堆、收灰等工序，才能生产出上好的西湖龙井。

（一）鲜叶采摘

西湖龙井采摘有三个特点：早、嫩、勤。有爱茶人虞伯生在《游》中有"烹煎黄金芽，不取谷雨后"之句，说明高级西湖龙井向来就强调要早采。其中以清明前采制的西湖龙井品质为最佳，称为"明前茶"，谷雨前采制，称为"雨前茶"。其次西湖龙井的采摘也十分强调细嫩和完整，一般1kg极品明前西湖龙井，需要采摘至少八万个细嫩芽叶，故极为名贵。其采摘标准是完整的一芽一叶，芽长于叶，芽叶全长约1.20cm。

（二）鲜叶摊放

采回的鲜叶在室内进行薄摊，厚度为1cm左右。经两小时以上摊放后，使部分水分挥发，散发青草气，增进茶香，减少苦涩味，增加氨基酸含量，提高鲜爽度，使炒制的西湖龙井外形光洁，色泽翠绿。提高茶叶品质高级西湖龙井的炒制全凭一双手在一口特制铁锅中，不断变换手法炒制而成，炒制手式有抖、搭、揸、捺、甩、抓、推、扣、压、磨等，号称"十大手法"，炒制时还要根据鲜叶大小、老嫩程度和锅中茶坯的成型程度不断变化手法。只有掌握了熟练技艺的制茶师，才能炒出色、香、味、形俱佳的西湖龙井。而且因全用手工在热锅内操作，劳动强度甚大。

（三）杀青

杀青又称为青锅，是龙井茶品质形成的关键工序，即杀青和初步造型的过程。通过锅温和炒制手法的变换，基本形成龙井茶特有的外形和内质。青锅炒制过程，锅温的控制最为重要，直接关系到龙井茶品质的优劣。

当锅温达80～100℃时，涂抹少许植物油脂于锅内，投入约100g经摊放过的叶子，开始以抓、抖手式为主，散发一定的水分后，逐渐改用搭、压、抖、甩等手式进行初步成型，压力由轻而重，达到理直成条、压扁成型的目的，炒至七八成干时即起锅，历时12～15min。

（四）回潮

杀青后，放于阴凉处进行薄摊回潮。摊凉后筛去茶末、簸去碎片，历时40~60min。回潮与分筛是炒制龙井茶不可忽视的环节。通过回潮可使芽叶水分重新分布，内外干度一致，便于辉锅时进一步整形，回潮时间40～60min。通过分筛分出芽叶大小，分别炒制。头子茶含水量高，应先炒。分别炒制还能保持芽叶完整，减少片末茶含量。

（五）辉锅

辉锅是炒制龙井茶的一道重要工序，目的是进一步做形，发展香气，并将茶叶炒干，使成茶达到扁平、光滑、香高、味醇、足干的要求。辉锅过程锅温应掌握先高（75℃）后低（70℃）再高（90℃），用力程度由轻到重再轻，采用抓、推、压、荡等手法，灵活变换使用。当青锅叶下锅受热转软时，随即将芽叶进一步抓直、压扁、推光，随着芽叶含水量的降低，清香透露时，改用荡的手法，使芽叶大部分茸毛脱落，芽叶色泽鲜活，梗叶干度一致。当芽叶含水量约5%时，即可起锅，历时25min左右。

（六）分筛

用筛子把茶叶分筛。簸去黄片，筛去茶末，使成品大小均匀。

（七）挺长头

把筛出的大一点的茶叶再一次放入锅中，将其挺直，历时5～10min。

（八）归堆

将成品分包整理，分开保存。

（九）收灰

炒制好的西湖龙井极易受潮变质，须将归堆后的成品茶，放入底层铺有块状石灰（未吸潮风化的石灰）的缸中加盖密封封存一星期左右，西湖龙井的香气更加清香馥郁，滋味更加鲜醇爽口。经此处理后的西湖龙井，在室温干燥环境中保存一年仍能保持"色翠、香郁、味甘、形美"的品质。经过以上工序炒制的西湖龙井，形状扁平光滑；色泽嫩黄似糙米色；汤色碧绿清莹；滋味甘鲜醇和；香气幽雅清高；又较好地保持了天然营养成分，具有生津止渴、提神益思、消食利尿、除烦去腻、消炎解毒等功效。

二、洞庭碧螺春加工工艺

洞庭碧螺春产于原江苏省苏州市吴县太湖的洞庭山的东、西山，是中国的十大名茶之一。碧螺春茶已有1000多年历史，民间最早叫"洞庭茶"，又叫"吓煞人香"。

碧螺春茶条索紧结，卷曲如螺，白毫毕露，银绿隐翠，叶芽幼嫩，冲泡后茶叶徐徐舒展，上下翻飞，茶水银澄碧绿，清香袭人，口味凉甜，鲜爽生津，早在唐末宋初便列为贡品。但凡品饮过碧螺春的人，都不由会被它嫩绿隐翠、叶底柔匀、清香幽雅、鲜爽生津的绝妙韵味所倾倒。碧螺春，名若其茶，色泽碧绿，形似螺旋，产于早春。其加工工艺如下：

（一）摊放

在摊放过程中，鲜叶中多酚类物质部分氧化，水浸出物、氨基酸、芳香物质增加，这对于形成绿茶的色、香、味都具有积极的意义。摊放时间依据鲜叶嫩度、摊叶厚度而定，一般薄摊3h左右，厚度不超过5cm，其间翻动1~2次。摊放过程中应尽量避免机械损伤，以防止鲜叶红变，影响茶叶品质。

（二）杀青

使用杀青机进行杀青。在保证不出现焦边现象的前提下，适当高温杀青有利于碧螺春茶香气物质的形成，并保持嫩绿的色泽。杀青适度的茶叶叶面无光泽、叶质柔软、青草气消失、无焦边现象。出叶时需用风扇以强风快速冷却杀青叶。从杀青起到干燥止在平锅上炒到底。杀青前将锅洗净磨光，使锅不粘茶叶，易翻炒，锅温90~100℃（鲜叶下锅略有响声为度），投叶量375~500g，叶下锅即用双手翻抖炒；也有用一手持竹叉或高粱帚把锅中茶叶捞起，另一手即去将茶叶抖散在锅中，要快翻、捞净、抖散，以免叶片灼焦或产生闷气，为使杀"透"、杀"熟"、杀"匀"，而采用闷抖结合的方法，炒5~6min，达到叶变软、色变暗、折梗不断，手捏茶叶成团并有粘手之感，即为适度。

（三）风选

杀青叶经过三口风选机，分出芽叶大小、轻重，扇出轻片，分口加工，提高加工原料的一致性。

（四）揉捻

杀青叶冷却后，用微型揉捻机进行轻度揉捻，使茶条紧结卷曲，同时破损芽叶细胞，使茶汁易于泡出，增强滋味品质。揉捻宜短时轻揉，不宜过重，否则茶汁滋出，干茶色泽会变暗绿，以手捏略有粘手感为度。具体措施为：杀青后，降温到60℃左右，就用双手按住锅内茶叶顺锅腔壁搓揉，使茶叶在手心下滚翻，这样边炒边揉，随着茶叶揉卷曲成螺状，水分逐渐蒸发。在揉捻时必须掌握"先慢后快"与"先轻后重再轻"相结合的原则。在开始时由于含水量较多，搓揉易成团。为便于解块，速度应稍慢，用力宜轻，一般是采用"一搓二抖散"或"一搓一抖散"方法，当水分蒸发到不粘时，即用力稍重快速搓揉，并适当结合抖散，直到干达七八成，茶叶已基本上卷曲成紧细的螺旋状，就用双手搓团，进一步卷曲成螺旋状，同时这是显毫的重要阶段，所以用力要轻，速度放慢，以免毫毛成团或损失掉。这时的温度应保持在45℃左右，这样搓团直至八成半干，火温渐降至35～40℃，搓团到结束。揉捻后手工解散茶坯团块。

（五）做形

做形工序使茶条在干燥过程中进一步紧细卷曲，形成碧螺春茶特有的卷曲螺形外观。这一工序在烘焙机上进行，一边烘干，一边做形，温度控制在起始进风口温度为（105±5）℃，叶温（55±5）℃，随工序的进行，温度逐渐下降。待茶条受热后边翻炒边搓揉，至手握茶条成团、松手散开时出锅摊凉清风。

（六）提毫

提毫是形成碧螺春茶外形特征的关键工序。在烘焙机上进行，温度在80℃左右，要严格掌握提毫时间，时间过长会导致茶叶色泽变黄、白毫脱落。当茶条受热后双手握茶向不同方向搓揉至白毫显露为止，出锅后将茶叶置于篾盘上摊凉30min。

（七）足火提香

足火也在烘焙机上进行，进风口温度80℃左右，当茶叶足干时，为了发挥碧螺春茶的香气，要提高进风口温度（110℃左右）进行提香，时间3min左右，然后出烘摊凉。

（八）拣剔

茶叶出烘冷却后，拣除少量不合标准的茶条，去除碎末，做好记录后入库储藏。

（九）包装

在包装材料的选用上，要更加注重包装材料对茶叶的保鲜性能，并利于环境保护；

包装方式上要在兼顾包装装潢的条件下更加注重保质要求；包装技术上要采用充气（氮气或二氧化碳）、加保鲜剂等保质技术，延长产品的货架期。

三、信阳毛尖加工工艺

信阳毛尖茶是我国传统名茶之一。因其条索细秀、圆直有峰尖、白毫满披而得名"毛尖"，又因产地在信阳故名"信阳毛尖"。素有"细、圆、紧、直、多白毫，香高、味浓、色绿"的独特风格而驰名中外。信阳毛尖现有制作工艺：手工炒制法、半手工半机械制作法和机械制作法，其加工流程如下。

新鲜芽叶采摘后需及时炒制。炒制的工艺规程是：青叶入生锅→熟锅→初烘→摊凉→复烘→择拣→再复烘→包装入库。

（一）信阳毛尖机械加工工艺流程

1. 筛分

将采摘的鲜叶按不同的品种、不同等级、不同的采摘时间进行分类分等，剔除异物，分别摊放。

2. 摊晾

将筛选后的鲜叶，依次摊在室内通风、洁净的竹编簸箕篮上，厚度宜5~10cm，雨水叶或含水量高的鲜叶宜薄摊，晴天叶或中午、下午采用的鲜叶宜厚摊，每隔1h左右轻翻一次，室内温度在25℃以下，防太阳光照射。摊放时间根据鲜叶级别控制在2~6h为宜，摊放待青气散失，叶质变软，鲜叶失水量10%左右时便可付制，当天的鲜叶应当天制作完毕。

3. 杀青

机械杀青宜采用适制名优绿茶的滚筒杀青机，使用时，点燃炉火后即需开机启动，使转筒均匀受热，待筒内有少量火星跳动即可。开动输送带送叶，根据温度指示进行投叶，不同等级的鲜叶或含水量不同的鲜叶要求温度不一，进叶口温度宜控制在120~130℃，可通过杀青机输送带上的匀叶器来控制投叶量，从鲜叶投入至出叶1.50~2.00min。杀青叶含水量控制在60%左右，杀青适度的标志是叶色暗绿，手捏叶质柔软，略有黏性，紧握成团，略有弹性，青气消失，略带茶香。

4. 揉捻

机械揉捻宜使用适制名优绿茶的揉捻机，杀青叶适当摊凉，宜冷揉。投叶量视原料的嫩度及机型而定。揉捻时间高档茶控制在10~15min，中低档茶控制在20~25min。根据叶质老嫩适当加压，应达到揉捻叶表面粘有茶汁，用手握后有粘湿的感觉。

5. 解块

机械解块宜使用适制名优绿茶的茶叶解块机，将揉捻成块的叶团解散。

6. 理条

机械设备宜使用适制名优条形绿茶的理条机，理条时间不宜过长，温度控制在90~100℃，投叶量不宜过多，以投叶量0.50~0.75kg、时间为5min左右为宜。

7. 初烘

机械设备宜使用适制名优绿茶的网带式或链板式连续烘干机，根据茶叶品质，初烘温度进风口宜控制在120～130℃，时间10～15min，含水量在15%～20%为宜。

摊凉：将初烘后的茶叶，置于室内及时充分摊凉4h以上。

8. 复烘

复烘仍在烘干机中进行，温度以90～100℃为宜，含水量在6%以下。

（二）信阳毛尖工艺手工制作流程

1. 筛分

将采摘的鲜叶按不同品种的鲜叶、晴天叶与雨水叶、上午采和下午采的鲜叶分别用网眼竹编筛子进行分级，剔出碎叶及其他异物，分别盛放。

2. 摊放

将筛分后的鲜叶，依次摊在室内通风、洁净的竹编簸箕篮上，厚度宜5～10cm，雨水叶或含水量高的鲜叶宜薄摊，晴天叶或中午、下午采用的鲜叶宜厚摊，每隔1h左右轻翻一次，室内温度在25℃以下，防太阳光照射。摊放时间根据鲜叶级别控制在2～6h为宜，待青气散失，叶质变软，鲜叶失水量10%左右时便可付制，当天的鲜叶应当天制作完毕。

3. 生锅

采用炒茶专用铁锅，锅口面直径84cm（事先磨洗光滑无锈），生锅呈35°左右倾斜，锅台前方高40cm左右，便于操作，后壁高1m以上，与墙贴合。生锅用干木柴作燃料，锅温宜140～160℃，每锅投鲜叶量500g左右，以手掌心试探锅温，掌心距锅心3～5cm，有烫手感即投鲜叶，用茶把（细软竹枝扎成的圆帚）稍快反复挑翻青叶，经3～4min，待青叶软绵后，用茶把尖收拢青叶，在锅中转圈轻揉裹条（将杀青适度的茶叶，用茶把在锅内顺斜锅自然旋转），动作由轻、慢逐步加重、加快，不时抖动挑散，反复进行。青叶进一步软绵卷缩，初步形成泡松条索，嫩茎折不断，然后用茶把尽快将茶叶全部扫入熟锅。生锅历时7～10min，茶叶含水率55%左右。雨、露水鲜叶，火温提高10～15℃，勤翻多抖，嫩叶水分较多，火温稍高，动作宜轻。

4. 熟锅

与生锅规格一致，与生锅并列排列，呈40°倾斜。在接纳生锅转来的茶叶后紧接操作。锅温80～100℃，开始仍用茶把操作，并以把尖先把茶团打散，然后以把尖团揉茶叶，继续"裹揉"，不时挑散，反复进行，3～4min后，茶条进一步紧缩，茶把稍放平，进行"赶条"。待茶条稍紧直，互不相粘时，即用手"理条"（掌心向下，拇指与食指稍张开成"八"字形，其余三指与食指并拢，稍向内弯曲，成抓东西的虎口状。抓起锅中部分茶叶稍握紧，以抓满手心为宜。然后于锅心10cm高左右，手腕使劲，将手中部分茶叶从"虎口"甩出，撒开抛到茶锅上沿，茶条则顺斜锅自然滚回锅心），如此反复进行，逐渐形成紧细、圆直、光润的外形。全部过程的操作历时7～10min，含水量30%左右时，立即清扫出锅，摊在簸箕上。

5. 初烘

将熟锅陆续出来的4～5锅茶叶作为一烘，均匀摊开，厚度以2cm为宜，选用优质无烟木炭，烧着后用薄灰铺盖控制火温，火温宜90～100℃。根据火温大小，每5～8min轻轻翻动一次，经20～25min，待茶条定型，手抓茶条，稍感戳手，含水量为15%左右，即可下炕。

6. 摊凉

初烘后的茶叶，置于室内及时摊凉在大簸箕内4h以上，厚度宜30cm左右，待复烘。

7. 复烘

将摊凉后的茶叶再均匀摊在茶烘上（厚度以4～5cm为宜），轻轻置于茶炕上（火温以60～65℃为宜），每烘摊叶量2.50kg左右，每隔10min左右轻翻拌一次。待茶条固定，用手揉茶叶即成粉末样，方可下炕，复烘30min左右，含水量控制在7%。

8. 毛茶整理

复烘后的毛茶摊放在工作台上，将茶叶中的黄片、老枝梗及非茶类夹杂物剔出，然后进行分级。

9. 再复烘

将茶叶进一步干燥，达到含水量6%以下。厚度宜5～6cm，温度60℃左右，每烘摊茶2.50kg左右，每隔10min左右手摸茶叶有热感即翻烘一次。经30min左右，待茶香显露，手捏成碎末即下烘。分级、分批摊放于大簸箕，适当摊凉后及时装进洁净专用的大茶桶密封，存放于干燥、低温、卫生的室内。

四、六安瓜片加工工艺

六安瓜片，中华传统历史名茶，中国十大名茶之一，为绿茶特种茶类。在世界所有茶叶中，六安瓜片是唯一无芽无梗的茶叶，由单片生叶制成。去芽不仅保持单片形体，且无青草味；梗在制作过程中已木质化，剔除后，可确保茶味浓而不苦，香而不涩。

加工工艺流程为：鲜叶→扳片→生锅与熟锅→毛火→小火→老火。

1. 采摘

一般在谷雨前后开采，至小满节气前结束，采摘标准以一芽二三叶为主，习惯称之为"开面"采摘。

2. 扳片

鲜叶采回要及时扳片。分嫩叶（或称小片）、老片（或称大片）和茶梗（或称针把子）三类。

3. 生锅与熟锅

炒茶锅口径约70cm，呈30°倾斜，两锅相邻，一生一熟，生锅温度100℃左右，熟锅稍低。投叶量100g，嫩片酌减，老叶稍增。鲜叶下锅后用竹丝帚或节花帚翻炒1～2min，主要起杀青作用。炒至叶片变软时，将生锅叶扫入熟锅，整理条形，边炒边拍，使叶子逐渐成为片状，用力大小视鲜叶嫩度不同而异，嫩叶要提炒轻翻，帚把放松，以保色保形。炒老叶则帚把要带紧，以轻拍成片。炒至叶子基本定型，含水率30%

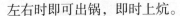

左右时即可出锅，即时上炕。

4. 毛火

用烘笼炭火，每笼投叶约1.50kg，烘顶温度100℃左右，烘到八九成干即可。拣去黄片、漂叶、红筋、老叶后，将嫩叶、老片混匀。

5. 小火

最迟在毛火后一天进行，每笼投叶2.50～3.00kg，火温不宜太高，烘至接近足干即可。

6. 老火

又叫拉老火，是最后一次烘焙，对形成特殊的色、香、味、形影响极大。老火要求火温高，火势猛。木炭窑先排齐挤紧，烧旺烧匀，火焰冲天。每笼投叶3～4kg，由二人抬烘笼在炭火上烘焙2～3秒钟，即抬下翻茶，依次抬上抬下，边烘边翻。为充分利用炭火，可2～3只烘笼轮流上烘。直烘至叶片绿中带霜时即可下烘，趁热装入铁筒，分层踩紧，加盖后用焊锡封口贮藏。

五、云南绿茶加工

滇绿选用大叶茶为原料，精选细嫩的一芽二叶，经过高温杀青、及时揉捻，快速烘干等工艺处理，保持了茶叶原色，再经揉捻成形晒干、烘干或炒干而制成绿茶，具有色泽绿润、条索肥实、回味甘甜、饮后回味悠长的特点，有生津解热、润喉止渴的作用，盛夏饮用倍感凉爽。

滇绿茶一般是用机械加工，加工工序为：鲜叶摊放→杀青→摊凉→揉捻→做形→干燥→拣剔。

（一）鲜叶摊放

云南干湿季明显，茶叶采摘高峰恰逢雨水多、湿度大的季节，给加工带来一定困难。鲜叶可用萎凋槽鼓吹自然风让其失水，也可薄摊在洁净的竹帘上散发水分。摊放宜薄不宜厚，萎凋槽摊放厚度不超过5～8cm，竹帘摊放3cm左右。根据天气情况，一般晴天摊放3～4h，雨天鲜叶表面水含量较高，摊放10～12h，甚至更长。摊放过程中晴天不翻，雨天中间轻翻一次，翻动时注意不能损伤叶片。摊放至青草气散失，略有清香飘逸，鲜叶减重率在20%～25%（雨季鲜叶表面水多时，减重率可达35%以上）时即可。

（二）杀青

滇绿杀青要适中偏重，要求杀匀、杀透，杀青机温度不宜过高，速度不能太快，以40型滚筒杀青机为例，当滚筒进口温度达到120℃左右时开始投叶，每次投叶量250g左右，每5～8秒投叶一次，台时产量控制在30kg左右。要老叶嫩杀、嫩叶老杀，在不出现焦边和焦叶的情况下杀青程度适当偏重，这样成茶色泽绿润，条索紧结。杀青偏轻，则色泽黑暗，条索易断碎。

（三）摊凉

可在杀青机出叶口安装小型鼓风机将杀青叶吹出，也可在杀青机出叶口上方安装排湿装置，把筒内湿气排出，以便杀青叶及时降温和散失水分，然后放置在篾垫上摊凉15min左右。

（四）揉捻

宜轻度揉捻，不加压，不可揉出茶汁，否则干茶色泽乌暗，苦涩味重。投叶量以自然装满一揉筒为宜，如6CR-50型揉捻机每次投叶量在20～23kg，太多或太少都不利于条索的形成。揉捻时间掌握在8～12min。具体根据原料老嫩、杀青程度、揉捻机性能等掌握，以达到条索紧直完整为度。

（五）做形

先用理条机理条，后再人工辅助理条。如制作"松针"茶。先用6CMLD-60型理条机理条，投叶量每次不超过2kg，温度70～80℃。温度太高易出现爆梗或焦边；温度太低，时间延长，成茶色泽灰暗，香气不透。理条机速度可先快后慢或快慢交替进行，一般理条10～20min，然后再人工辅助理条：用双手握住茶叶，手掌伸直，在专用理条桌或篾垫上往前推搓3～4次即成。毛峰类茶先用理条机理条1～2min，然后再人工辅助理条。

（六）干燥

干燥时烘干温度和时间的掌握非常重要。毛火最好选用风量大的名优茶烘干机，如6CSH-12型烘干机，摊叶厚度1.50～2.00cm。温度控制在100℃，温度太高，会出现老火气，甚至焦气，使干茶色泽枯黄，暗褐不润；温度太低，烘干时间过长，造成干茶灰暗，香气低闷不爽。毛火时间45min左右，毛火后及时摊凉20～30min后再进行足火。足火温度掌握在80～90℃，摊叶厚度2～4cm，足火时间30min左右，烘至茶叶含水量达6%左右即可下烘。干燥适度的茶，白毫满披，色泽绿润，香高味醇。

（七）拣剔

干燥的茶叶经过摊凉后，拣出黄片、杂质、乌条，割去碎片末，包装储存。

思考题

1. 简述绿茶加工的主要工序。
2. 绿茶制作过程中杀青机有几种?
3. 绿茶加工过程中揉捻的目的是什么?
4. 西湖龙井的干燥方法有哪几种?
5. 碧螺春加工过程中卷曲成螺的工艺是什么?
6. 简述信阳毛尖的手工制作工序。
7. 六安瓜片在制作过程中毛火的温度应控制在多少?
8. 滇绿茶杀青温度一般是多少?

参考文献

［1］胡兆康. 龙井茶的采制技术［J］. 中国茶叶, 2006（02）: 29.

［2］郭敏明, 师大亮, 周铁锋, 黄海涛. 龙井茶机械化加工技术［J］. 中国茶叶加工, 2009（03）: 29–30.

［3］刘宗岸, 房婉萍, 张彩丽, 等. 碧螺春茶生产技术［J］. 中国茶叶, 2007（02）: 28–29.

［4］杨茂成. 碧螺形名茶加工工艺与设备［J］. 农村实用工程技术, 1995（02）: 22–23.

［5］陈义. 机制信阳毛尖秋茶加工工艺研究［J］. 河南农业科学, 2016（03）: 148–151.

［6］尹鹏, 张洁, 郭桂义. 信阳毛尖茶加工工艺现状及展望［J］. 中国茶叶加工, 2016（06）: 10–14, 27.

［7］张久谦, 郑杰. 信阳毛尖机械化加工生产线及工艺研究［J］. 茶业通报, 2010（03）: 141–144.

［8］徐旻涓, 邹晓庆. 中国名优绿茶及其加工工艺［J］. 南方农业, 2014（24）: 121–123.

［9］陈习村. 六安瓜片加工工艺研究［D］. 安徽农业大学, 2011.

［10］安徽农学院. 制茶学［M］. 北京: 中国农业出版社, 1989: 303–344.

［11］孙会萍. 云南大叶茶加工名优绿茶的技术［J］. 中国茶叶, 2007（06）: 23.

第四章　红茶加工

红茶是我国生产和出口的主要茶类之一，素以香高、色艳、味浓闻名。红茶属于全发酵茶类，基本工序是萎凋→揉捻（切）→发酵→干燥。我国红茶种类较多，产地分布较广、有工夫红茶（红条茶）、小种红茶、红碎茶等。

第一节　概　述

一、国内外红茶产销概况

（一）国内红茶产销概况

中国是世界红茶的发源地。16世纪初期，福建武夷山发明了小种红茶。1610年小种红茶首次出口荷兰，随后相继运销英国、法国和德国等国家。在18世纪中叶，我国在小种红茶生产技术的基础上，创制出加工工艺更为精湛的工夫红茶，使得红茶生产和贸易达到了前所未有的鼎盛时期。于20世纪50年代开始，我国为了适应国际市场红碎茶的需求变化，在广东英德、云南勐海、四川新胜、湖北芭蕉、湖南瓮江、江苏芙蓉六个茶场大规模试制红碎茶，同时研制红碎茶专用加工机械，逐步形成了红碎茶制造技术、品质规格等体系，为中国发展红碎茶生产奠定了坚实的基础。

我国目前以生产工夫红茶为主，小种红茶数量较少，红碎茶的产销量随我国对外贸易的变化而不断变化，但总体数量较少。红碎茶生产又以中低档茶居多，成本较高，在国际市场上竞争力不足。在外销市场上，中国红茶出口面临肯尼亚、印度、斯里兰卡等红茶主产国的强力竞争，出口长期徘徊不前。近年来，红茶内销市场的旺盛需求促进了中国红茶内销量的不断增加，有力地填补了红茶出口量的萎缩，刺激了红茶产量的连年增长，内销红茶比重连年上扬。中国红茶内销市场的迅速发展，彻底改变了红茶长期依赖外销的局面。

据国家统计局显示：2015年中国红茶产量达25.80万吨，出口量达2.80万吨，内销量为15.84万吨。2011~2015年间，中国红茶产量年均复合增长率为18%。2016年，红茶产量同比增长15.88%，达到29.79万吨，在我国茶类产业结构中，占比达到12.18%，超过乌龙茶的比重。

中国红茶生产随着出口与内销的博弈转换，近年来重新焕发了活力，新兴红茶与历史红茶产区的生产逐年攀升，产量不断扩大，加之红茶文化的复兴与传播，中国国内红茶消费市场呈现出欣欣向荣的景象。

（二）国际红茶产销概况

红茶长期以来都在国际茶叶贸易中占有主要地位。18世纪，随着红茶生产规模的扩大和红茶价格的降低，红茶消费人群由皇室逐渐走向普通民众，成为英国、荷兰等国人民生活不可或缺的饮品。此外，英国还从中国厦门、广州等地贩运大量红茶，除供应本国所需外，还大量转运到美洲殖民地，并转销至德国、瑞典、丹麦、西班牙、匈牙利等国家。在19世纪80年代前，中国红茶一直在世界红茶生产和贸易中处于垄断地位。19世纪90年代，由于茶叶贸易的巨额利润，使得荷兰、英国等国家不满中国的垄断地位，开始在殖民地印度、斯里兰卡等地引种中国茶树并生产红茶，由此拉开了印度、斯里兰卡、肯尼亚、印度尼西亚、越南、土耳其等世界其他红茶生产国兴起的序幕。

20世纪初期，红碎茶逐渐取代工夫红茶，成为国际茶业市场的主销产品。20世纪50年代后，Rotorvance（转子揉捻机）、CTC和LTP等加工机械的诞生，大大促进了红碎茶的发展，工夫红茶在国际茶业市场的占比逐渐下降。2012年全球茶叶总产量为429.90万吨，红茶产量272.70万吨，占世界茶叶总产量的63.40%。国际茶业市场主打的是"红茶"，约占茶叶贸易量的75%以上。目前，印度、肯尼亚、斯里兰卡等国家是全球最主要的红茶生产、出口国，其生产总量占到全球红茶产量的60%左右。美国、俄罗斯、英国等国家则是全球最主要的红茶进口、消费国。世界红茶贸易主要以拍卖的方式进行，在印度、斯里兰卡等主要红茶出口国均设有大型茶叶拍卖交易中心。

二、红茶的品质特征

红茶分小种红茶、工夫红茶和红碎茶三种，品质特征各异。

（一）小种红茶

小种红茶有正山小种和外山小种之分。正山小种之"正山"，表明是真正的"高山地区所产"之意，原凡是武夷山上所产的茶，均称作"正山小种"，集中于赤石加工；而武夷山附近所产的茶称外山小种，集中于星村加工。为了区别武夷山区以外所产的外山小种，正山小种又冠以"星村小种"之名。

正山小种外形条索肥实，色泽乌润，汤色红浓，香气高长带松烟香，滋味醇厚，带有桂圆汤味，加放牛奶，茶香味不减。19世纪70年代远销欧美各国，后因国内战事频繁，小种红茶产量逐减，至1949年产销几乎绝迹。20世纪50年代后，小种红茶才得到恢复和发展，正山小种又以新的面貌出现在国外消费者面前。

（二）工夫红茶

工夫红茶品类多、产地广，我国历史上先后有12个省区生产。近几年来，河南、贵州、山东等省也开始生产工夫红茶。

工夫红茶按地区命名有滇红工夫、祁门工夫、宁红工夫、湘红工夫、闽红工夫（含坦洋工夫、白琳工夫、政和工夫）、宜红工夫、川红工夫、越红工夫、台湾工夫及粤红

工夫等。其按品种又分为大叶工夫和小叶工夫；大叶工夫茶以乔木茶树的鲜味为原料制成，又称"红叶工夫"，以滇红工夫及粤红工夫（英德红茶）为代表；小叶工夫以灌木型小叶种茶树的鲜叶为原料制成，色泽乌黑，又称"黑叶工夫"，以祁门工夫与宜红工夫为代表。

品质特征：原料细嫩，外形条索紧直、匀齐，色泽乌润；香气浓郁，滋味醇和而甘浓；汤色、叶底红艳明亮，具有形质兼优的品质特征。

1. 祁红

祁红是祁门工夫红茶的简称，是我国传统工夫红茶的珍品，有140余年的生产历史，产于安徽省祁门、东至、贵池、石台、黟县，以及江西的浮梁一带，自然品质以祁门的历口、闪里、平里一带最优。

祁红外形条索细秀而稍弯曲，有锋苗，色泽乌润；内质香气特征最为明显，带有类似蜜糖香气，持久不散，在国际市场誉为"祁门香"，汤色红亮，滋味鲜醇带甜，叶底红匀明亮。祁红在国际市场上被称为"高档红茶"，与印度大吉岭茶、斯里兰卡乌伐的季节茶，并列为世界公认的三大高香红茶。清饮更能领略祁门红茶的特殊香味，但也适于加奶、加糖调和饮用。

2. 滇红

为大叶种工夫红茶，产于云南省临沧、西双版纳、保山等地，以外形肥硕紧实、金毫显露和香高味浓的品质特征而独树一帜，称著于世。

滇红外形条索紧实，肥硕雄壮，干茶色泽乌润，金毫显露；内质汤色红艳明亮，香气鲜郁高长，滋味浓厚鲜爽、富有刺激性，叶底红匀嫩亮。滇红茶金毫显露为其品质特征之一，其毫色可分淡黄、菊黄、金黄等。凤庆、云县、昌宁等地所产滇红，毫色多呈菊黄；勐海、双江、临沧等地所产滇红，毫色多呈淡黄；夏茶毫色多呈菊黄，唯秋茶多呈金黄色。

3. 宁红

宁红是我国最早的工夫红茶之一。江西省所产的"宁红"，以其独特的风格、优良的品质而驰名中外。宁红外形条索紧结圆直，锋苗挺拔，略显红筋，色乌略红、光润；内质香高持久似祁红，滋味醇厚甜和，汤色红亮，叶底红匀。高级茶"宁红金毫"条索紧细秀丽、金毫显露，色乌润，香味鲜嫩醇爽，汤色红艳，叶底红嫩多芽。

4. 宜红

宜红产于鄂西山区宜昌、恩施两地。宜红外形条索紧细有金毫，色泽乌润，香甜纯高长，味醇厚鲜爽，汤色红亮，叶底红亮柔软。茶汤稍冷即有"冷后浑"现象产生，是我国高品质工夫红茶之一。

5. 闽红

闽红因品种不同，品质互异，有政和工夫、坦洋工夫和白琳工夫之分。

（1）政和工夫 政和工夫按品种分为大茶、小茶两种。大茶采用政和大白茶制成，是闽红三大工夫茶的上品，外形条索紧结肥壮多毫，色泽乌润；内质汤色红浓，香气高而鲜甜，滋味浓厚，叶底肥壮尚红。小茶用小叶种制成，条索紧细，香似祁红，但欠持久，汤稍浅，味醇和，叶底红匀。政和工夫以大茶为主体，扬其毫多味浓之优点，

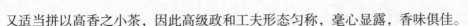

又适当拼以高香之小茶，因此高级政和工夫形态匀称，毫心显露，香味俱佳。

（2）坦洋工夫　坦洋工夫外形细长匀整带白毫，色泽乌黑有光；内质香味清鲜甜和，汤色鲜艳呈金黄色，叶底红匀。其中坦洋、寿宁、周宁山区所产工夫茶，香味醇厚，条索较为肥壮，东南临海的霞浦一带所产工夫茶色泽鲜亮，条形秀丽。

（3）白琳工夫　白琳工夫茶是小叶种红茶，当地种植的小叶群体种具有茸毛多、萌芽早、产量高的特点。白琳工夫外形条索紧结纤秀，含有大量的橙黄白毫；内质汤色浅亮，取名为"橘红"，意为橘子般红艳，香气鲜纯有毫香，滋味清鲜甜和，叶底红中带黄。

（三）红碎茶

红碎茶是外销茶类。为适应国际市场不同销区客户的需求，我国出口红碎茶按品质风格分为两大类型：一是外形匀整，颗粒紧细，粒型较大，汤色红浓，滋味浓厚，价格适当的中下级茶和普通级茶，适合于中东地区等国家；二是体型较小，净度较好，汤色红艳，滋味浓强、鲜爽，香气高锐持久的中高级茶，适合于欧美、澳洲等国家。部分国家还需要大量低档红碎茶作为冰茶原料，要求水浸出物含量超过32%。

1. 叶茶类（pekoe,P）

外形规格较大，包括部分细长筋梗，可通过2~4mm抖筛，长10~14mm。

（1）花橙黄白毫（flowery orange pekoe，F.O.P）由细嫩芽叶组成，条索紧卷匀齐，色泽乌润，金黄毫尖多，长8~13mm，不含碎茶、末茶或粗大的叶子，是叶茶中品质最佳的花色。

（2）橙黄白毫（orange pekoe，O.P）主要由头子茶中产生。不含毫尖，条索紧卷，色泽尚乌润，是叶茶中品质稍差者。

2. 碎茶类（broken,B）

外形较叶茶细小，呈颗粒状和长粒状，长2.50~3.00mm，汤艳味浓，易于冲泡，是红碎茶中大量生产的产品规格。

（1）花碎橙黄白毫（flowery broken orange pekoe，F.B.O.P）是碎茶中品质最好的花色。由嫩芽组成，多属第一次揉捻后解块分筛的一次一号茶。呈细长颗粒状，含大量毫尖。形状整齐，色泽乌润，香高味浓。

（2）碎橙黄白毫（broken orange pekoe，B.O.P）大部分由嫩芽组成，包括12孔下至16孔上的碎粒茶，长度3mm以下，色泽乌润，香味浓郁，汤色红亮，是红碎茶中经济效益较高的产品。

（3）碎白毫（broken pekoe，B.P）形状与B.O.P相同，色泽稍逊，不含毫尖，香味较前者为次，但粗细均匀，不含片、末茶。

（4）碎橙黄白毫片（broken orange pekoe fanning，B.O.P.F）是一种小型碎茶，从较嫩的叶子中取出，外形色泽乌润，汤色红亮，滋味浓强，由于体型较小，茶汁极易泡出，是袋泡茶的好配料。

3. 片茶类（fanning，F）

是指从12孔至24孔碎茶中风选出质地较轻的片形茶，按外形大小可以分为片茶一号

（F1）和片茶二号（F2）。中小叶种还要按内质分为上、中、下三档。

4. 末茶类（dust，D）

外形呈砂粒状，24孔至40孔面茶，色泽乌润，紧细重实，汤色较浓，滋味浓强。传统方法生产的红碎茶，末茶仅占3%～5%。C.T.C或转子机法生产的，含量可达20%～30%。由于其体型小，冲泡容易，亦是袋泡茶的好原料。

5. 混合碎茶（broken mixture，B.M）

是从各种正规红碎茶中风选出的混合物，没有固定形状，很不匀整，含有老叶和茶梗，香味较差，汤色浅淡，如加工成末茶，可使汤质有所改进。

根据国际市场对红碎茶的规格要求和我国生产实际，基于红碎茶传统制法，结合产地、茶树品种和产品质量情况，我国制定了四套加工、验收统一标准样。

第一套样：云南省的云南大叶种制成的产品，注重香味的鲜爽度和汤色的明亮度。

第二套样：广东、广西、贵州等省（区）引种的云南大叶种制成的产品。春茶要求外形色泽乌润，颗粒重实，嫩度好。夏茶要求滋味浓强，汤色带红。秋茶要求香气鲜爽。

第三套样：四川、贵州、湖北、湖南、福建等茶区中小叶种制成的产品。注重滋味的醇和度与外形的净度、嫩度。

第四套样：浙江、安徽、江苏等省中小叶种制成的产品。注重滋味的纯正度与外形的嫩度、净度。

第二节　红茶加工

红茶初制过程中，在制品经过一系列复杂的理化变化后，形成了红茶特有的色、香、味、形品质特征。我国红茶包括工夫红茶、红碎茶和小种红茶。它们制法大同小异，都有萎凋、揉捻（切）、发酵和干燥等工序。各种红茶品质特点的形成缘于类似的化学变化过程，只是变化的条件、程度上有所差异。

一、鲜叶要求

红茶要求鲜叶细嫩，匀净、新鲜。采摘标准以一芽二三叶为主。鲜叶进厂后，严格地对鲜叶分级标准进行检验分级，分别加工付制。

二、萎凋

萎凋是制作红茶的第一道工序。在通常的气候条件下，鲜叶薄摊开始一段时间内，以水分蒸发为主。随着萎凋时间的延长，鲜叶内含物质的自体分解作用逐渐加强。伴随着鲜叶水分的不断散失，叶片逐渐萎缩，叶质由硬变软，叶色由鲜绿转为暗绿，同时内质发生变化，香味也发生改变，这个过程称为萎凋。

（一）萎凋目的

（1）鲜叶在一定的条件下，均匀地散失适量的水分，使细胞张力减小，叶质变软，便于揉捻成条，为揉捻创造物理条件。

（2）伴随水分的散失，叶细胞逐渐皱缩，酶的活性增强，引起内含物质发生一定程度的化学变化，为发酵创造化学条件，并使青草气散失。

（二）萎凋方法

目前红茶萎凋方法有三种类型，一是自然萎凋：包括室内自然萎凋和日光萎凋；二是人工加温萎凋：包括萎凋槽加温萎凋；三是萎凋机萎凋。

1. 室内加温萎凋

俗称"焙青"，在"青楼"进行。"青楼"分上、下两楼，不铺楼板，中间每隔3～4cm架一条木质挡板，上铺青席，供摊叶用。横挡下30cm处装焙架，供烘焙干燥时放置水筛用。

加温时关闭门窗，在地面上燃放松柴。火堆呈"T""川"或"="字形排列，每隔1.00～1.50m堆一堆，待室温升至28～30℃时，把鲜叶均匀撒在青席上，厚度10cm左右。中间每隔10～20min轻轻拌1次，达到萎凋适度约2h。

室内加温萎凋的优点是不受条件限制，萎凋叶能直接吸收烟味，毛茶烟量充足。缺点是劳动强度大，操作较困难。

2. 室内自然萎凋

是将鲜叶薄摊在萎凋架的席子上（萎凋架分8～12层，每席面积1.5m²，每平方米摊叶0.50～1.00kg），一般情况下经16～18h可完成萎凋（阴雨天有时延至30～36h），此法虽萎凋质量较好，但占用面积大，功效低，萎凋时间长，难以适应机械化制茶的要求，故已逐渐被萎凋槽萎凋所代替。

3. 日光萎凋

在室外清洁、向阳和避风处搭高为2.50m的"青架"。晒青时摊叶厚度为3～4cm，每隔10～20min翻拌一次。至叶面萎软，失去光泽，折梗不断，青气减退，略有清香时为适度。

日光萎凋时间随光照强弱、鲜叶含水量多少而定。光照较强，含水量较少，则时间较短，可在30～40min内完成；光照较弱，含水量略高，时间须稍延长，达3h以上；一般情况下是在1～2h内可完成。

日光萎凋的优点是设备简单，成本低，操作方便；缺点在于受气候限制大，而且不能吸收送烟，毛茶吸烟量不足，滋味不够鲜爽。

同时，肥壮芽叶和老嫩不匀鲜叶，萎凋程度不一致，生产中常采取日光萎凋和加温萎凋交替进行的方法。

4. 萎凋槽萎凋

萎凋槽萎凋是一种较好的人工控制的半机械化的加温萎凋方式，将鲜叶置于通气槽体内，利用叶层间隙透气性，把热空气（25～35℃）通过鼓风机穿过叶层，促使鲜叶水

分蒸发而迅速萎凋，一般4~5h便可完成萎凋，春茶在5h以上，雨水叶要5~6h，叶片肥嫩或细嫩叶片，时间会更长些。

萎凋槽的基本构造包括空气加热炉灶、鼓风机、风道、槽体和盛叶框盒等。操作技术主要掌握好温度、风量、摊叶厚度、翻拌和萎凋时间等。

（1）温度　萎凋槽热空气一般控制在35℃左右，最高不能超过38℃，要求槽体两端温度尽可能一致。萎凋结束下叶前10~15min，应鼓冷风。研究表明，萎凋温度在10~25℃，香气指数较高。

（2）风量　风力小，生产效率低；风力过大，失水快，萎凋不匀。风力大小应根据叶层厚度和叶质柔软程度加以适当调节。一般萎凋槽长10m，宽1.50m，高20cm，有效摊叶面积15m²，采用7号风机即可。

（3）摊叶厚度　摊叶厚度与茶叶品质有一定关系。摊叶依据叶质老嫩和叶形大小不同而异。掌握"嫩叶薄摊，老叶厚摊"，"小叶种厚摊，大叶种薄摊"的原则，一般小叶种摊叶厚度为20cm左右，大叶种18cm。叶片要抖散摊平，厚薄一致。

（4）翻抖　翻抖是达到均匀萎凋的手段。一般每隔1h停鼓风机翻拌1次，翻拌时动作要轻，切忌损伤叶片。

（5）萎凋时间　萎凋时间长短与鲜叶老嫩、含水量多少、萎凋温度、风力强弱、摊叶厚薄、翻拌次数等相关。如温度高、风力大、摊叶薄、翻拌勤，萎凋时间会缩短；反之则会延长。萎凋时间长短与茶叶品质关系极大。萎凋时间长，茶叶香低味淡，汤色和叶底暗；萎凋时间短，程度不匀，"发酵"不良，叶底花杂。

（三）萎凋程度

萎凋不足或过度，红茶品质都不好。萎凋程度要掌握"嫩叶老萎，老叶嫩萎"的原则。在生产上通常是观察现象来掌握的。

萎凋程度也有以萎凋叶含水量和鲜叶减重率作为指标。鲜叶含水量75%左右，萎凋叶适度。含水量掌握在58%~64%，春茶略低58%~61%，夏秋茶略高61%~64%。鲜叶减重率在30%~40%。

1. 萎凋适度

叶面失去光泽，由鲜绿转为暗绿色，叶质柔软，手捏成团，松手时叶子不易弹散，嫩茎梗折而不断，无枯芽、焦边、叶子泛红等现象，青草气部分消失，略显清香。

2. 萎凋不足

主要是萎凋叶内含水量偏高，生物化学变化不足。揉捻时芽叶易断碎，芽尖脱落，条索不紧，揉捻时茶汁大量流失，发酵困难，香味青涩，滋味淡薄，毛茶条索松，碎片多，内质香味青涩淡薄，汤色浑浊，叶底花杂带青。

3. 萎凋过度

主要是萎凋叶含水量偏少，生物化学变化过度，造成枯芽、焦边、泛红等现象。揉捻不易成条，发酵困难，制成毛茶外形条索短碎，多片末，内质香低味淡，汤色红暗，叶底乌暗。

4. 萎凋不匀

同一批萎凋叶萎凋程度不一。萎凋过度、不足叶子占有相当比例，采摘老嫩不一致及操作不善，揉捻和发酵均发生很大困难，制出毛茶条索松紧不匀，叶底花杂。

（四）鉴别萎凋适度的办法

1. 感官鉴别

（1）手捏：柔软如棉，紧握成团，松手不弹散，嫩梗折而不断；
（2）眼观：叶面光泽消失，叶色由鲜绿变为暗绿，无枯芽、焦边、泛红；
（3）鼻嗅：青臭气消失，发出轻微的清新花香。

2. 减重率

在 31% ~ 38%。

3. 萎凋叶含水量

一般在60% ~ 64%为宜。

三、揉捻

揉捻是指叶片在机械力作用下，揉出茶汁卷搓成条的工艺过程，是红茶初制的第二道工序，是形成红茶外形紧结的重要环节。

（一）揉捻目的

（1）在机械力的作用下，使萎凋叶卷曲成条。
（2）充分破坏叶细胞组织，茶汁溢出，使叶内多酚氧化酶与多酚类化合物接触，借助空气中氧的作用，促进发酵作用的进行。
（3）挤出茶汁，使茶汁凝于叶表，在茶叶冲泡时，可溶性物质溶于茶汤，增进茶汤的浓强度。
（4）紧缩外形，使烘干的毛茶具有紧结的条索或颗粒，有利贮运。

（二）揉捻技术

1. 揉捻时温度和湿度

揉捻室要求室温保持在20 ~ 24℃，湿度85% ~ 90%较为理想。在夏秋季节，高温低湿的情况下，需要采用洒水、喷雾、挂窗帘、搭阴棚等措施，以便降低室温，提高湿度，防止揉捻筛分过程中失水过多，保持揉捻叶有一定含水量。同时揉捻室需保持清洁卫生，每天揉捻筛分之后，必须用清水洗刷机器和地面。

2. 投叶量

揉捻机投叶量主要取决于两个因素：一是揉桶直径大小；二是原料老嫩度。

表4-1　揉桶直径与投叶量关系

揉桶直径（cm）	每桶投叶（kg）
40	7～8
55	30～35
65	55～60
90	140～150

原料老嫩对投叶量有一定的影响，嫩叶投叶量多些，较粗老叶投叶量少些。

（1）投叶量过多，叶子在揉桶内翻转困难，揉捻不均匀，扁条多，揉捻时间延长。

（2）投叶量过少，叶子在揉捻时翻转不规则，也易形成扁条，揉捻效果差。

3. 揉捻时间和次数

大型揉捻机一般揉90min，嫩叶分3次揉，每次30min；中等嫩度叶片分2次揉，每次45min；较老叶片要延长揉捻时间，分3次揉，每次45min。

中小型揉捻机一般揉捻60～70min，分2次揉，每次30～35min，老叶可适当延长揉捻时间。

原料老嫩、萎凋程度的不同，揉捻时间也不同。嫩叶采用轻压短揉，老叶采用重压簪揉的原则。重萎凋的叶子采用适当重压；轻萎凋的叶子采用适当轻压，揉捻时间相对延长。

4. 加压技术

根据鲜叶老嫩度不同，用揉捻机按轻→重→轻的加压原则（嫩叶或轻萎凋叶加压轻些，老叶或重萎凋叶加压重些），对萎凋叶进行不同时间的揉捻。

揉捻时要分次加压，加压与减压交替进行。如加压7min减压3min或加压10min减压5min，即所谓"加七减三法"或"加十减五法"。以90型揉捻机为例，一级原料，第一次揉30min，不加压，第二、三次揉各30min，采用"加十减五法"，重复一次。中级原料第一次揉45min，不加压，第二次揉45min，重复2次。

（三）揉捻程度

1. 揉捻适度

条索紧卷，茶汁充分外溢黏附于叶表面，用手紧握汁溢而不成滴流，松手后茶团不松散，叶子局部泛红，并发出较浓烈的清香，成条率达95%，细胞破坏率达78%～85%。要获得良好揉捻叶，则要求萎凋叶必须均匀适度，萎凋不足或过度都会影响揉捻叶质量。

2. 揉捻不足

条索较松，发酵困难，成品滋味淡薄，茶汤不浓，叶底花青。

3. 揉捻过度

茶叶条索断碎，茶汤色泽暗，滋味淡薄香气低，叶底红暗。

四、解块筛分

主要的作用是解散茶团，散热降温，分出老嫩，使之揉捻均匀，叶卷曲成条，同时调节和控制叶内化学成分的变化。

五、发酵

发酵是红茶初制的第三道工序，是形成红茶色香味的关键。没有发酵就不能形成红茶的品质特征，发酵作用不正常，红茶品质就会下降。

（一）发酵目的

（1）增强酶的活化程度，促进多酚类化合物的氧化缩合，形成红茶特有的色泽和滋味。

（2）在适宜的环境条件下，使叶子发酵充分，减少青涩气味，并产生浓郁的香气。

（二）发酵方法

发酵过程要有适宜的环境条件，才能获得良好的效果。

揉捻叶的发酵要具备的条件为：发酵室大小要合适，门窗要适当设置，便于通风，避免阳光直射。最好是水泥地面，四周开沟排水便于冲洗，室内装置控温控湿的设备。

（三）发酵温度、湿度、发酵叶水分含量

1. 发酵温度、温度

发酵必须在一定的温度、湿度和空气的条件下才能顺利进行。发酵室要求适宜温度25～28℃，相对湿度95%以上，空气新鲜供氧充足。

温度过高（35℃），发酵过快，多酚类化合物氧化缩合成不溶性的产物较多，叶底乌暗，香味低淡。

温度过低，酶促作用很弱，发酵慢，时间长，品质差。特别在春茶季节，气温较低，发酵困难，必须提高发酵室温度。

2. 发酵叶水分含量

发酵只能在一定水分条件下才能正常进行，发酵叶的水分含量，决定于萎凋程度。一般认为水分含量高有利于形成较多茶黄素。含水量不同，发酵作用的产物组合和配比不同，所形成的品质风格亦有异，如：

（1）含水量低于50%时，发酵叶变青灰色，成茶叶底呈"暗叶"，香低味淡。

（2）含水量60%左右，可获得滋味浓醇和玫瑰花香型的成茶。

（3）含水量70%左右，易得到滋味强烈，鲜爽度好的花香型的成茶，但含水量太高，叶子为一层水膜所包围，亦会影响发酵作用的正常进行。

（四）发酵摊叶厚度

揉捻叶经解块筛分之后的各筛号茶，分别摊在干净的发酵盒内，依次放在发酵架上进行发酵。

发酵叶摊放厚度：根据叶子老嫩，揉捻程度，气温高低等因子而定，一般嫩叶宜薄，老叶宜厚。

（五）发酵时间

发酵时间与叶子老嫩、整碎，揉捻程度和季节，发酵室温度、湿度都有密切的关系，发酵时间从揉捻算起，春季气温较低，需2.5~3.5h，夏秋季温度较高，发酵时间缩短，在揉捻结束时揉捻叶已经泛红。

（六）发酵程度

从发酵叶的表征变化规律来判断发酵程度比较困难。必须在生产实践中，不断积累丰富的经验，适时地掌握发酵适度表征，才能获得优良品质的红茶。

1. 发酵适度

叶色显红色，并发出浓厚的苹果香味。不同原料的色泽也有所不同，1~2级发酵叶，对光透视呈黄色，3~4级呈铜色，叶面及基脉，凝于表面的叶液均是红色。

2. 发酵不足

香气不纯，冲泡后，汤色欠红，泛青色，味青涩，叶底花青。

3. 发酵过度

香气低闷，冲泡后，汤色红暗而浑浊，滋味平淡，叶底红暗多乌条。

六、干燥

干燥是将发酵好的茶坯，应用传热介质将湿坯加热，使水分汽化并被热气流带走，在保证质量的同时使茶坯达到一定的干度。

（一）干燥目的

（1）利用高温迅速钝化各种酶的活性；停止发酵，使发酵形成的品质固定下来。

（2）去除水分到足干（含水量在5%左右），利于成茶贮藏。

（3）在去结合水的过程，制品塑性变化，缩小体积，固定外形。

（4）利用热化学作用发展香味，做火功，散发大部分低沸点的青草气味，激化并保留高沸点的芳香物质（不溶性碳水化合物焦糖化作用后形成红茶特有的蜜糖香）。

（二）干燥过程

干燥过程依其主要作用不同，其技术要求大致可划分为三个阶段：

第一阶段以蒸发水分和抑制酶促为主，去水贯穿干燥全过程，前段失水速率快，有助于去除杂异气味，避免"闷蒸"现象的发生，并有利于制止酶促作用，故应提高温度，增加通风量，减少投叶量，使含水量（60%左右）较快地下降到47%左右。

第二阶段叶子黏性适中，可塑性较好，是造形的最好阶段，干燥使含水量下降到18%左右，此时可塑性较差而脆性增大，就不宜再施压力造形。

第三阶段，叶子含水量由18%左右下降到足干（5%左右），是形成和发展茶叶香味的主要阶段。

根据干燥作用的阶段性，生产上绝大多数分二次干燥。

干燥温度原则上是先高后低，失水速率是先快后慢。确定干燥温度的因素主要是叶温、叶量、含水量和失水速率。叶温与香味密切相关，高温生成老火香味，中温生成熟果香味，低温生成清花香味。叶水分多，叶温高，失水速率慢则产生"闷蒸现象"而生成水闷气味；如叶水分少，叶温高，失水速率快则有些嫩叶中的结合水亦蒸发掉，极易产生焦煳味。投叶量除了与叶温、水分蒸发速率有关外，还影响干燥程度的均匀度，叶量本身又是造形所需力的因素——重力。

（三）干燥技术

1. 干燥技术三原则

（1）分次干燥，中间摊凉　目的在于避免外干内湿，防止产品变质，通常是毛火后摊凉40min左右，促使叶内水分重新分布均匀，再用低温烘干，促使水分散失，香气显露出来。

（2）毛火快烘，足火慢烘　红茶干燥的首要目的是及时钝化氧化酶的活性，防止发酵过度。毛火烘干开始时，由于叶温从30℃上升到80℃需要一定时间，这段时间内不仅不能立即制止发酵作用，而且还有短时促进酶促氧化的作用。所以毛火要薄摊、高温、短时、快烘。因此，足火时要采取低温、厚摊、慢烘。

（3）嫩叶薄摊，老叶厚摊　嫩叶摊放时，叶间空隙小，叶含水量多，吸热量大，本身叶温升高较慢，相应的加热时间延长，对品质往往产生不利影响。因此，嫩叶要薄摊，老叶则反之。

2. 有烘干机烘干和烘笼烘干两种方式

（1）自动烘干机烘干

毛火：第一次烘干称"毛火"，温度控制在110℃左右，烘时为12~15min，至茶条呈暗黑色，叶脉稍红，手摸茶叶尚不刺手，约八成干（含水量18%~25%）。毛火温度不能低于85℃，以免造成发酵过度；也不能太高，会造成内湿外干，毛茶多泡条、泡梗等。

摊凉：毛火后进行摊凉以使叶脉、茶梗内水分散布到叶面，才能使足火时茶叶能干燥均匀。摊凉40min，不超过1h，摊凉叶厚度10cm。温度过低，会造成发酵过度，温度过高，造成外干内湿，条索不紧，叶底不展等缺点。摊凉厚度不能过厚，因过厚则热蒸汽不易散发而会使毛茶带有水闷气。摊凉至毛茶凉透即可，不宜过长。

足火：经摊凉后便再次烘焙，第二次烘干称"足火"，以使茶叶残存水分进一步蒸发。达到所要求的毛茶含水量。足火火温一般控制在80~95℃，烘焙时间15~20min。

足火后有的进行摊凉后装袋，而有的认为热装袋（不摊凉）有利于香气的保持。

表4-2　自动烘干机操作技术参数

烘次	进风温度℃	摊叶厚度cm	烘时min	摊凉时间min	含水量%
毛火	110～120	1～2	12～15	40～50	20～25
足火	85～95	3～4	15～20	30	4～5

（2）烘笼烘干

温度毛火85～90℃，足火70～80℃。

叶量毛火每笼1.5～2kg，足火3～4kg。

表4-3　烘笼烘干技术参数

烘次	温度℃	投叶量kg/笼	烘时min	干度	翻叶间隔时间min	摊凉时间min	摊凉厚度cm
毛火	85～90	1.5～2	30～40	7成	5～10	60～90	3～4
足火	70～80	3～4	60～90	足干	10～15	30～60	8～10

（四）干燥程度

毛火适度的叶子，手捏稍有刺手，但叶面软，有强性折梗不断，含水量为20%～25%。足火适度的叶子，条索紧结，手捻成末，色泽乌润，香气浓烈，含水量6%左右。

烘干程度要掌握适当，特别是含水量要符合要求。如果烘干过度，产生火茶，甚至把茶叶烘焦，造成品质下降。烘干不足，含水量较高，香气不高，滋味不醇，在毛茶贮运过程中容易产生霉变，严重影响品质。

干燥是红茶制作的最后一道工序，与制茶品质有密切关系。干燥过程除了去除水分、达到足干、便于储藏，以供长期饮用外，还在前期工序基础上，进一步促进红茶特有的色、香、味的形成。

七、红茶精制加工技术

（一）精加工基本作业

毛茶精加工的基本作业流程分为筛分→风选→切轧→拣剔→再干燥→拼配→匀堆装箱等。虽因受地区、茶类及传统习惯的影响，精加工流程不完全一致，但基本原理都相同。精加工流程有简有繁，一般内销茶和采制技术较精细的茶类比较简单，外销茶和采制技术粗放的茶类比较复杂。

1. 筛分

目的是区分茶叶的长短、粗细和轻重，一般有圆筛（分离茶叶的长短和大小）、抖筛（区分茶叶粗细）、飘筛（补风扇去片的不足，去除轻片、梗皮及毛衣）等作业。

2. 风选

区分茶叶轻重优劣，具有划分茶叶级别、清剔碎石等作用，有送风式与吸风式不同的风扇。

3. 切轧

把粗大头子茶切轧成符合成品要求的规格茶，使用滚切机、齿切机、圆切机等，以达到切轧的目的。

4. 拣剔

除去茶梗、茶籽、茶片和夹杂物以弥补筛分、风扇的不足，提高茶叶净度，具有手拣和机拣（阶梯式、静电和光电拣梗机）等方式。

5. 再干燥

目的是去除多余的水分，紧结外形，提高色、香、味，方法有烘、炒、滚三种。

6. 匀堆装箱

采用匀堆、过秤、装箱联合机或人工方法，将大小不同筛号茶加以均匀拼和，并称重与装箱。

（二）精加工作业流程

1. 筛制工序

通过筛制过程整理外形，去掉梗片，最大限度提取符合同级外形的条索、净度的茶叶。精制程序应根据分路取料，即把未经破坏切断及轻度破坏的筛出的本路茶（亦称本身路）和已经多次切断的圆身茶（圆身路），以及经过风扇选出的轻身茶（轻身路）分别处理，机械处理方面要尽量多采用捞、抖、扇；少滚、切，以减少茶叶断碎，提高正茶率。

（1）本身路 毛茶第一次通过筛网（或筛切次数较少）的茶，这路茶条索紧结，嫩度较高，质量较好，是提取较高级花色或提升上一级产品的筛号茶，是精加工过程中实现取料计划的关键。

（2）长身路 在筛制过程中筛分出来的长形茶头，需要经过反复切分或切抖。这路茶品质比本身路茶低，是提取本级成品的主要部分。

（3）圆身路 在筛制过程中筛分出来的毛茶头、抖筛头或撩筛头等，多为圆形或圆块形，需要经过反复切轧，是提取本级或降级处理的部分。

（4）轻身路 在筛制过程中，风选出的茶片等质量较轻的，可以提出一些优质的子口茶添入本级。

（5）筋梗路 在筛制过程中，用各种方法，各路所取出的筋梗。其中含有嫩梗，品质较好的细筋、老梗等，其数量少、净度差，需要精工细作。有的茶厂合并本身路和长身路，有的茶厂把各路的12孔以下与撩筛16孔以下的茶叶集中起来加工称为碎茶路，精加工后成为红碎、末茶。

2. 拣制

（1）机拣和电拣 目前使用的是阶梯式拣梗机和静电拣梗机两种。各类茶的5孔茶，一般先由拣梗机拣后，再加静电拣梗机复拣，后再色选或手拣。各类茶的6/7孔茶

用静电拣梗机初拣，再色选或手拣。为了保护茶叶的嫩芽，三级以上的茶不经静电拣梗机，而直接采用色选机拣梗。

（2）色选或手拣　各级茶的5~8孔筛号茶都要色选或手拣。礼茶、特级、一级、二级的10孔茶全部经过色选或手拣。

3. 成品拼配

经过筛制的各种筛号茶，须扦取具有代表性的茶样，并按各筛号茶重量登记，由审评室对各筛号茶审评，拼配出厂成品小样，使其达到各级成品标准外形、内质各项因子要求。拼配起到调剂品质的作用，使出厂产品品质稳定一致。根据各筛号茶的品质进行拼配，如品质有显著差异，采取升降再整理的方法进行调整。

预拼小样，要对照标准样的品质规格，各段茶的比重和品质特点，选择半成品筛号茶，按比例拼配，务必要求拼合小样各项因子符合标准，不要偏高偏低；并注意各段茶比例适当，防治脱档现象。拼配时要做到掌握前后期产品品质基本稳定，品质过高或过低时，采取选留某些筛号茶待下批拼用。小样经认真审评符合标准后，按小样各筛号茶重量比例进行匀堆成箱作业。

第三节　红茶名茶加工

一、滇红

滇红茶采用云南大叶种茶树鲜叶为原料，经过多道制作工序，滇红茶才得以有这得天独厚的产品优势。

（一）初制工序

滇红茶是茶树鲜叶经过萎凋、揉捻、发酵、干燥四个工序加工而成的。将刚从树上采下的新鲜细嫩的茶叶摆放在通风透气的竹帘上散发水分的过程称为萎凋，当水分散失到一定程度，茶叶变得萎松时再放入有棱骨的揉捻机内揉捻，使茶汁揉出，茶叶成条。揉好的茶叶放在木制的盘内，在适宜的温、湿度条件下，茶叶逐渐变红，并散发出一股苹果香味，这时再把茶叶放到烘干机里烘干可以捏成粉末时，红茶就制成功了。这种茶叶因为加工精细，费时较长，称为工夫红茶，又因这种红茶成条形，也称红条茶。工夫红茶鲜叶经萎凋、揉捻或揉切、发酵、干燥四道工序技术处理后，称毛茶。工夫红茶以开展的一芽二叶、初展的一芽三叶为原料，经初制四个工序制造而成。

1. 萎凋

滇红工夫经过萎凋，可适当蒸发水分，叶片柔软，韧性增强，便于造形。此外，这一过程使青草味消失，茶叶清香欲现，是形成滇红香气的重要加工阶段。萎凋方法有自然萎凋和萎凋槽萎凋两种。

2. 揉捻

滇红揉捻的目的，与其他红茶揉捻相同，茶叶在揉捻过程中成形并增进色香味浓度，同时，由于叶细胞被破坏，便于在酶的作用下进行必要的氧化，利于发酵的顺利进行。

3. 发酵

发酵是红茶制作的独特阶段，经过发酵，叶色由绿变红，形成滇红茶红叶红汤的品质特点。目前普遍使用发酵机控制温度和时间进行发酵。发酵适度，嫩叶色泽红匀，老叶红里泛青，青草气消失，具有熟果香。

4. 干燥

其目的有三点：利用高温迅速钝化酶的活性，停止发酵；蒸发水分，缩小体积，固定外形，保持干度以防霉变；散发大部分低沸点青草气味，获得滇红茶独特的蜜糖香等。

滇红制作的这四个步骤最为关键，没有好的鲜叶原料和科学的加工制造，就难以获得优良的毛茶品质，而没有优良的毛茶品质，也就难以获得优异的滇红产品。提高滇红茶品质，鲜叶原料是基础，萎凋适度是前提，揉捻充分是关键，发酵协调是中心，两次干燥是保证，简称"初制把五关"。初制把五关，关关要相连，环环要相扣。这个过程的技术处理优次，决定着茶叶产品的优次，是精制加工过程根本不能弥补的。

（二）精制流程

初制茶叶难以达到商品工艺所具有的品质水平，必须通过精制加工，方可使产品品质规范化、标准化、系列化，以保证产品品质的完整性、可靠性和商品茶具的有共同属性。因此，制成毛茶后，必须进行科学的、规范化的精制加工。精制茶工艺的任务是经过筛分、风选、拣剔、匀堆、补火的分离、改造、拼合，达到整理形状，划分优次，剔除劣异，控制水分的目的。滇红茶叶的精制，首先是将收购定级后的毛茶按加工各级茶的品质需要进行归堆处理，按品质要求的原则，确定原料拼配比例，交付生产车间严格按所定级别工艺技术标准进行加工。加工车间分本身、原身、轻身三路制造，各路产品品质特征的划分有其标志，滇红茶的精制过程与红茶精制过程大致相似。

二、祁门红茶

祁门红茶有世界三大高香红茶之首的美誉，除了得益于当地独特的土壤和气候条件之外，更得益于其独特的制作工艺。

（一）初制工序

1. 萎凋

萎凋是祁门红茶初制的最基础工序，目的是让鲜叶均匀适度地失水，细胞张力减少，变得柔韧，易于揉捻。萎凋质量的好坏关键在于鲜叶失水是否均匀。嫩度不同的鲜叶，其含水量和水分蒸发难易度有着显著差异。所以，在萎凋作业中，应保证同一批茶

鲜叶的老嫩度和新鲜度尽可能一致。祁门红茶传统工艺采用日光萎凋的方法，即把采摘的鲜叶均匀的铺在竹垫上，通过太阳光的照射达到萎凋的目的。现在普遍采用加温萎凋槽萎凋法。将鲜叶在萎凋槽顶部的萎凋帘上均匀摊开，通过鼓风机向萎凋槽内持续输送热风，提供鲜叶水分蒸发所需的热能，并及时吹散水汽，使之逐渐失去水分。操作时应掌握好温度、时间、生叶量和摊放厚度，以及及时翻拌。温度以35~38℃为宜，时间以3~4h为好，雨水叶适当增加1~2h，摊放厚度掌握在20cm以内，每槽200~250kg。

2. 揉捻

揉捻是祁门红茶初制的第二道工序，是形成祁红紧结细长的外形、增进内质的重要环节。祁门红茶条索紧细美观，汤色红艳，滋味浓醇甘甜，与揉捻操作的关系十分密切。传统祁红生产工艺中揉捻工序最初采用人工足踩的方法，将萎凋后的鲜叶放于大木桶内，人立于桶中，手扶桶口边沿，以脚踩踏，踩紧鲜叶，频加揉转，直至茶条完全紧结。现代普遍采用揉捻机揉捻，揉捻机分大、中、小三种，视不同型号投入不同量的萎凋叶。每批生叶一般揉捻两次，每次30~45min，首次不用加压，第二次实行间隔加压，每次揉捻后均须筛分解块。揉捻合格标准主要是看条索紧卷，成条率达90%以上，茶汁挤出黏附于叶面，用手紧握后茶汁外溢即可。

3. 发酵

发酵是初制的第三道工序，是形成色香味的主要阶段，是决定祁红品质的关键。发酵室光线要暗，湿度要大，温度控制在30℃以下。揉捻筛分好的叶子分号装入发酵盒中，厚度视号数确定。发酵时间：春茶3~5h，夏秋茶2~3h。检测发酵效果，标准是青气消失，有浓厚的熟果香，春茶黄红，夏秋茶紫红，嫩叶色泽鲜艳均匀，粗老叶色暗泛青。否则，便是发酵不足或过度。

4. 干燥

干燥是初制的最后一道工序，是定型定质的最后关口。现今普遍使用烘干机，高温打毛火，快速烘至七分干，摊凉1h许，再低温足火，时间略长，摊叶也厚。毛茶干否，用手一抓，紧握刺手，沙沙有声，以指捻叶，叶成粉梗脆断即成。测定含水量，以7%~9%为适宜，高出此值是烘干不足，不利贮藏，易霉变；低于此值则可能带焦味。

（二）精制工艺

祁门红茶的精制，是从毛茶经过毛筛到装箱各道工序，整个流水作业线的总称。全国各地精制红茶，目的和原理一致，筛分路线也基本相同。但因原料、设备和技术条件的不同，具体做法各有千秋。祁红精制工艺分烘干、筛分、拣剔、补火、匀堆五道工序。

1. 烘干

用烘笼烘焙，形成高香。烘茶间要密封，温度要适中，要严格掌握火候，逐渐收缩茶身，这都是诀窍。收购的水毛茶，须借炭火使其干燥至七八成，俗称打毛火。如遇雨天，则先暴晒再烘。正式筛制时，还要再烘一次，名曰打老火。烘法：将毛茶铺于竹笼之上，下置炭火，每隔20min翻拌一次。翻拌时须将茶倒入竹圈内，以免茶末落入炉内生烟，茶沾烟气，影响品质。打过火的毛茶称为干毛茶，即可精制。

2. 筛分

打过老火，即行筛分。筛分先后要经过粗细茶筛十余种，约可分为大茶间、下身间、尾子间三部。大茶间是筛毛茶为净茶的第一工场，下身间是筛分大茶间茶为净茶的第二工场，尾子间是制造筛头筛底之茶为净茶的第三工场。其余不能筛分的则用风扇扇净或人工拣剔，尾子间后的成品才叫精茶，再经过一次补火后才能匀堆装箱。

3. 拣剔

因采摘粗放，茶中混有梗茎、乳花等物，需经过人工拣剔。拣剔时看拣的师傅发给拣工茶叶一笭，分量视等级而定，一般十斤左右。每个拣工编有号码，另持茶证一张，由监拣茶工满场巡视，见茶合格，即在证上盖一戳记。拣工将茶证连同茶叶交回发拣处，便算合格一笭，则可重新领取新茶再拣。

4. 补火

因筛分和拣剔时，难免有潮气侵入，故在装箱前还得补火一次。方法是将茶叶盛入小口布袋中，每袋约2.50kg，置于竹笼上烘烤，每隔3～5min，提袋抖动一次，以使均匀，烘至茶显灰白色为止。

5. 匀堆

是指将补火的各号茶混合均匀。方法是将各号茶叶分层倾入匀堆场内，堆成高有数尺的立方体，称之小堆，再用木耙沿着茶堆侧面，徐徐梳耙，以使调拌均匀。然后用软笭称分量，以估计箱数。小堆之后，再重复一次，则为正式匀堆，名大堆，最后装箱。

三、正山小种红茶

正山小种是福建武夷山茶区的小种红茶，原产地在武夷山市星村镇桐木关一带。产区地势高峻，冬暖夏凉，年均气温18℃，年降雨量在2000mm左右。春夏之间终日云雾缭绕，且土质肥沃。

正山小种茶叶条索肥实，色泽乌润。因为制作工艺的缘故，带有鲜明又浓醇的松烟香和桂圆香，同时又兼具天然花香，香而不腻，细而含蓄，茶汤的颜色也似桂圆皮一般红中带着金黄和褐色，橙黄清明，品起来味醇甘爽、喉韵明显。其加工工艺如下：

（一）初制工序

正山小种的初制工序为：鲜叶→萎凋→揉捻→发酵→过红锅→复揉→熏焙→复火→毛茶。

1. 萎凋

小种红茶的萎凋有日光萎凋与加温萎凋两种方法。桐木关一带在采茶季节时雨水较多，晴天较少，一般都采用室内加温萎凋。加温萎凋都在初制茶厂的"青楼"进行。"青楼"的二、三层支架设横档，上铺竹席，竹席上铺茶青；最底层用于熏焙经复揉过的茶坯，它通过底层烟道与室外的柴灶相连。在灶外烧松材明火时，其热气进入底层，在焙干茶坯时，利用其余热使二、三楼的茶青加温而萎凋。日光萎凋在晴天室外进行。其方法是在空地铺上竹席，将鲜叶均匀撒在竹席上，在阳光作用下萎凋。

2. 揉捻

茶青适度萎凋后即可进行揉捻。早期的揉捻用人工揉至茶条紧卷，茶汁溢出。现均改用揉茶机进行。揉捻室要求光线充足、明亮、空气新鲜流通，没有穿堂风，避免日光直射。保持室内温湿度，适宜的室内温度在22~24℃。相对湿度在90%左右。揉捻时间为1h左右。首先不加压轻揉25min，再轻压揉15min（解块一次）再重压揉10min，然后松压5min，最后下桶解块，等待发酵。揉捻程度以叶面细胞破碎率达85%左右为适度。茶汁大量流出，部分叶色呈微黄绿色。

3. 发酵

小种红茶采用热发酵的方法，将揉捻适度的茶坯置于竹篓内压紧，上盖布。保持通气，有需要时在发酵过程进行一次翻拌，保证发酵的均匀。注意发酵叶温的变化。温度高了要及时散热，发酵时间8~12h。发酵适度时，叶色变淡红黄色，叶脉、茶汁呈浅红带黄，绿色绝大部分消失，青草气消失，发出清香甚至有花果香即可取出过红锅。

发酵场所温度控制在22~25℃，不超过28℃为宜。湿度的要求比萎凋工序高些，以利酶的氧化作用，要求在85%~90%。若湿度偏低，水分散失太快，无法形成乌黑油润的色泽，汤色浑浊，滋味青涩，叶底花青。

4. 过红锅

这是小种红茶的特有工序，过红锅的作用在于停滞酶的作用，停止发酵，以保持小种红茶的香气甜纯，茶汤红，滋味浓厚。其方法是当铁锅温度达到要求时（150~200℃）投入发酵叶，用双手快速翻炒1~2min，下锅复揉1~2min，再解块进行干燥。这项炒制技术要求较严，过长则失水过多容易产生焦叶，过短则达不到提高香气增浓滋味的目的。

5. 复揉

经炒锅后的茶坯，必须复揉使回松的茶条紧缩。方法是下锅后的茶趁热放入揉茶机内，待茶条紧结即可。

6. 熏焙

将复揉后的茶坯抖散摊在竹筛上，放进"青楼"的底层吊架上，在室外灶膛烧松材明火，让热气导入"青楼"底层，茶坯在热气的作用下逐渐失水变干。

7. 复火

烘干的茶叶经筛分拣去粗大叶片、粗老茶梗后，置于焙笼上，再用松柴烘焙，以增进小种红茶特殊的香味。复焙低温文火，以75~80℃，时间3~4h为宜，以促其花果香进一步巩固，汤色清澈耐冲泡，其间每半小时翻动一次，动作要轻，以防断碎，当闻到清香、花果香，手抓干茶有刺手感，搓之成粉末，干度93%即可。趁热装箱以保持固定其高香。

经过以上工序的茶叶便是正山小种红茶的初制毛茶。

（二）精制工序

定级归堆→毛茶大堆→走水焙→筛分→风选→拣剔→烘焙→匀堆→装箱→成品。

1. 定级分堆

毛茶进厂时，便对毛茶按等级分堆存放，以便于结合产地、季节、外形内质及往年的拼配标准进行拼配。

2. 毛茶大堆

把定级分堆的毛茶按拼配的比例归堆，使茶品的质量能保持一致。

3. 走水焙

在归堆的过程中，各路茶品含水率并不一致，部分茶叶还会返潮，或含水率偏高，需要进行烘焙，使含水率归于一致便于加工。

4. 筛分

通过筛制过程整理外形去掉梗片，保留符合同级外形的条索和净度的茶叶。小种红茶的筛制方法有：平圆、抖筛、切断、捞筛、飘筛、风选。小种红茶的加工筛路可分为：本身、圆身、轻身、碎茶、片茶五路。

5. 风选

将筛分后的茶叶再经过风扇，利用风力将片茶分离出去，留下等级内的茶。

6. 拣剔

把经风扇过风后仍吹不掉的茶梗，外形不合格的以及非茶类物质拣剔出来，使其外形整齐美观，符合同级净度要求，拣剔有机拣和手拣。一般先通过机械拣剔处理，尽量减轻手剔的压力，再手工拣剔才能保证外形净度色泽要求，做到茶叶不含非茶类夹杂物，保证品质安全卫生。

7. 烘焙

经过筛分，风选工序以后的红茶会吸水，使茶叶含水率过高，需要再烘焙，使其含水率符合要求。

8. 干燥熏焙

生产烟正山小种红茶还需要在上述工序完成后加上一道松香熏制工序。成品的烟正山小种要求更加浓醇持久的松香味（桂圆干味），因此在最后干燥烘焙过程中要增加松香熏制工序，让正在干燥的茶叶吸附。经熏焙的烟正山小种红茶一般有浓醇的松香味，外形条索乌黑油润。

9. 匀堆

经筛制、拣剔后，各路茶叶经烘焙或加烟足干形成的半成品，要按一定比例拼配小样，测水量，对照审评标准并作调整，使其外形、内质符合本级标准，之后再按小样比例进行匀堆。

10. 装箱

经匀堆后鉴定各项因子符合要求后，将成品装箱完成正山小种红茶精制的整个过程。

四、英德红碎茶

（一）鲜叶要求

英德红碎茶产于广东省英德市等地，是近年来在国际上获得金奖的广州红碎茶类佳品。英德红碎茶鲜叶要求嫩、鲜、匀、净。

（二）初制技术

英德红碎茶初制分为：萎凋→揉切→发酵→干燥四道工序。

1. 萎凋

英德红碎茶萎凋采用萎凋槽萎凋。萎凋程度应根据鲜叶品种、揉切机型、茶季等因素确定。一般传统制法和转子制法萎凋偏重，CTC和LTP制法偏轻。但是茶季不同，含水量不同，如使用转子揉切的春茶因嫩度好、气温低，萎凋程度偏重，控制含水量在60%～64%；而夏秋茶在65%左右。如使用LTP型锤击机与CTC机组合的，含水量以68%～70%为好。萎凋时间通常控制在6～8h完成为宜。

2. 揉切

揉切是英德红碎茶品质形成的重要工序，通过揉切不仅形成紧卷的颗粒外形，还使内质滋味浓强鲜爽。揉切室的环境条件与工夫红茶相同，但使用机器类型、揉切方法不同。

（1）揉切机器：揉切机有圆盘式揉切机、CTC揉切机、转子揉切机、LTP锤击机等。

（2）揉切方法：英德红碎茶揉切工序依选用的揉切机种不同，可归纳为如下几种：

①传统制法：一般先揉条，后揉切。要求短时、重压、多次揉切，分次出茶。

②转子机法：转子揉切机所制红碎茶相比传统揉切法，具有揉切时间短、碎茶率高、颗粒更紧结、香味更鲜浓等优点。

③揉捻机与转子机组合：这两种机器组合揉切，一般要求先揉条，后揉切。要求短时、重压，多次揉切，多次出茶，近似传统揉切法。其产品外形颗粒紧结，色泽也较乌润，但香气和滋味往往显得钝熟。揉切操作方法因茶树品种、生产季节而有差异。

④LTP和CTC机组合：采用这两种机型组合，必须具备两个条件：第一，鲜叶萎凋程序要轻，含水率应保持在68%～70%，以利于切细、切匀；第二，鲜叶原料要有良好的嫩度。假定鲜叶分为五级，则以1～2级叶为好，这样可取得外形光洁、内质良好的产品。

⑤洛托凡和CTC组合：洛托凡揉切机与我国的邵东30型转子机相似。在小叶种地区用洛托凡和CTC组合，不及LTC和CTC组合。因小叶种鲜叶叶质较硬，不易捣碎，使毛茶外形粗大松泡，片茶多，滋味浓度也较低。大叶种上档原料用洛托凡和CTC组合制红碎茶尚可。

3. 发酵

英德红碎茶发酵的目的、技术条件及发酵中的理化变化原理与工夫红茶相同。由于国际市场要求香味鲜浓，尤其是茶味浓厚、鲜爽、强烈、收敛性强、富有刺激性的品质风格，故对发酵程序的掌握较工夫红茶轻。但品种不同，发酵程序不同，英德红碎茶采用品种为云南大叶种、凤凰水仙种和海南大叶种，大叶种要突出鲜强度，发酵程度应轻；气温高，发酵应偏轻，气温低则稍重。在一定条件下，发酵程度与时间有关，一般云南大叶种发酵叶温控制在26℃以下，升温高峰不超过28℃，时间以40~60min为宜（从揉捻开始）。

4. 干燥

干燥的目的、技术以及干燥中的理化变化也与工夫红茶相同，仅在具体措施上有差别。由于经过揉切，叶细胞损伤程度高，多酚类的酶促氧化激烈，所以应迅速采用高温来破坏酶的活性，制止多酚类的酶促氧化；迅速蒸发水分，避免湿热作用引起非酶促氧化。因此要求"高温、薄摊、快速"，一次干燥为好。但目前由于我国使用烘干机烘，仍采用两次干燥。

（1）毛火：进风温度110~115℃，采用薄摊快速烘干，摊叶厚度1.25~1.50kg/m²，烘至含水量20%。毛火叶摊凉15~30min，叶层要薄，控制在5~8cm。

（2）足火：进风温度95~100℃，摊叶2.00kg/m²，烘至含水量达5%。

干燥应严格分级分号进行，干燥完毕摊凉至室温后装袋，及时送厂精制。近年来，我国在红碎茶干燥方式上有很多革新，如沸腾烘干机烘干、远红外线烘干、高频烘干、微波烘干等，有待不断实验、推广。在提高烘干效果上也有很多措施，如在烘干机顶层加罩，加大风量，分层干燥，在输送带上加温等，可根据实际条件仿效。

思考题

1. 简述工夫红茶的加工工艺及其技术要点。
2. 简述红碎茶的加工工艺及其技术要点。
3. 简述加工技术对红茶品质形成的影响。
4. 红茶加工中萎凋及发酵的主要方法有哪些?

参考文献

［1］安徽农学院. 制茶学［M］. 北京：中国农业出版社, 1989：303-344.

［2］陈椽. 1984. 制茶技术理论［M］. 上海：上海科学技术出版社.

［3］樊汇川. 祁门红茶制作工艺调查［J］. 黄山学院学报, 2015,（04）：27-32.

［4］韩余, 肖宏儒, 秦广明, 等. 红茶加工工艺及机械设备研究进展［J］. 中国农机化学报, 2013（02）：20-25.

［5］黄振宇. 滇红茶传统工艺技术与现代设备技术的应用［J］. 现代园艺, 2012（02）：32-33.

［6］刘德荣, 叶常春. 正山小种红茶"金骏眉"的制造技术［J］. 中国茶叶加工, 2010（01）：28-29.

［7］李鑫磊, 林宏政. 工夫红茶加工技术与设备研究进展［J］. 中国农机化学报, 2015（06）：338-344.

［8］李晓霞, 杨盛美, 李忠美, 陈玫. 勐海红茶生产加工工艺技术改进初探［J］. 热带农业科技, 2013,（01）：22-24.

［9］李永菊. 不同工艺对红茶品质的影响［J］. 茶叶科学技术, 2009（3）：20-22.

［10］梅宇, 伍萍. 2013年全国红茶产销形势分析报告［J］. 茶世界, 2013（12）：22-30.

［11］吴国宏, 齐桂年. 高香红碎茶加工新工艺研究进展［J］. 福建茶叶, 2011, 33（4）：36-37.

［12］夏涛. 制茶学［M］. 北京：中国农业出版社, 2016：204-235.

第五章 黄茶加工

第一节 概 述

黄茶，在清朝（1776年）《霍山县志》中记载，在西汉时有一种芽叶自然泛黄的茶树，应该是一种基因变异偶然产生的黄化品种。在明朝（1597年）许次纾所著《茶疏》中，作者批评了安徽六安一带炒制绿茶"操作不当"导致的黄叶黄汤现象。炒制绿茶时，由于杀青、揉捻后摊凉不及时，叶色变黄，此"闷黄"处理，是现代黄茶的制作技术的关键。

黄茶产销概况

黄茶是介于绿茶与黑茶之间的过渡性茶类。黄茶品质特点"黄叶黄汤"，不仅叶底黄，干茶也黄亮，香气清锐，味厚爽口，与绿茶有明显区别。绿茶在炒制时，由于技术掌握不当造成的红梗红叶、汤色泛黄，或者炒制大叶种鲜叶时，适度摊青处理造成汤色和叶底稍微偏黄绿，都是绿茶制作中经常遇到的问题和处理手段，与黄茶的"闷黄"有目的和本质上的区别。

中国黄茶按照鲜叶老嫩可分为黄小茶、黄大茶两种（或黄芽茶、黄小茶、黄大茶三种）。君山银针（属黄芽茶）、蒙顶黄芽、北港毛尖、远安鹿苑、平阳黄汤、沩山毛尖、皖西黄小茶等属于黄小茶；皖西黄大茶、广东大叶青属于黄大茶。制法各有特点，一般高级黄茶的闷黄作业不是简单一次完成，而是分多次逐步做黄，以达到外观整齐美观。

我国黄茶市场目前整体处于起步阶段，生产多以按需定制为主，产销情况基本持平。根据数据调查显示，2015年中国黄茶产量达3472吨，产量前五省区分别为安徽、湖南、四川、贵州、浙江，分别为2450吨、793吨、147吨、55吨、15吨。自2011～2015这五年间，中国黄茶产量年均复合增长率为55%，是六大茶类中茶叶产量增长最快的茶。近年来，黄茶逐渐受到国际市场的重视，因此，在未来的发展中，黄茶的市场潜力是较大的。

第二节 黄茶初制加工技术

黄茶类制造典型的工艺流程是：杀青、闷黄、干燥。揉捻不是黄茶必不可少的工艺过程。例如，君山银针和蒙顶黄芽（特级）就不揉捻；北港毛尖、远安鹿苑只在杀青后期在锅内轻揉捻，没有独立的揉捻工序；黄大茶和大叶青因芽叶较大，通过揉捻造条

索，以达到外观规格的要求，但其对色泽的变化、黄汤的形成并没有直接影响。而广东大叶青在杀青前进行轻萎凋，目的是减轻茶叶苦涩味，促进氨基酸分解和糖类水解。轻萎凋也不是黄茶制造中必不可少的工序，只是根据鲜叶原料特点，为提高大叶青质量而采取的技术措施。

一、杀青

黄茶通过杀青，高温迅速破坏鲜叶酶活性，蒸发一部分水分，散发青草气，对香气的形成具有重要作用。黄茶杀青应掌握"高温杀青，先高后低"的原则，彻底破坏酶活，防止红梗红叶和烟焦味。杀青过程中，由于叶子处于湿热条件下时间较长，叶色转深，杀青结束后，利用杀青叶余热，适当闷堆，是黄茶"闷黄"处理的主要措施。

二、揉捻

黄茶揉捻可以采用热揉，在湿热条件下易揉捻成条，揉捻后叶温依然较高，有利于加速闷黄的进程。

三、闷黄

闷黄是黄茶最主要的工艺特点，是形成黄茶黄叶黄汤的关键。从杀青开始到干燥结束，都可以为茶叶的黄变创造适当的湿热工艺条件。但作为一个制茶工序，有的在杀青后闷黄，如沩山毛尖；有的在揉捻后闷黄，如北港毛尖、远安鹿苑、广东大叶青、温州黄汤；有的则在毛火后闷黄，如霍山黄芽、黄大茶。还有闷炒结合，交替进行，如蒙顶黄芽三闷三炒；有的是烘闷结合交替进行，如君山银针二烘二闷。

影响闷黄的主要因素是茶叶的含水量和叶温。含水量越高，叶温越高，则湿热条件下黄变的进程越快。闷黄过程不仅要控制茶叶含水量，还要防止水分的大量散失，尤其是湿坯闷堆时要注意环境相对湿度和通风状况，必要时应盖以湿布提高局部湿度和阻止空气流通。

闷黄时间与黄变要求、含水率、叶温密切相关。在湿坯闷黄的黄茶中，温州黄汤的闷黄时间最长（2~3d），而且最后还要进行闷烘，黄变程度充分；北港毛尖的闷黄时间最短（30~40min），黄变程度较轻；沩山毛尖、远安鹿苑和广东大叶青介于两者之间，闷黄时间在5~6h。君山银针和蒙顶黄芽闷黄和烘炒交替进行，不仅制作工艺细致，且闷黄是在不同含水率阶段分段进行的，前期黄变速率快，后期慢。

四、干燥

一般采用分次干燥。干燥方法有烘干和炒干两种。干燥时温度掌握比其他茶类偏低，且有先低后高的趋势。尤其是皖西黄大茶，拉足火过程温度高、时间长，色变十分明显,色泽由黄绿转为黄褐,香气、滋味也发生显著变化,对其品质风味的形成产生重要影响。与闷黄相比,其干燥工序导致的黄变,有过之而无不及。

第三节 黄茶精制加工技术

一、君山银针

(一)产地与品质要求

产于湖南岳阳洞庭湖中的君山,形细如针,故名君山银针。全由芽头制成,茶身满布毫毛,色泽鲜亮。其成品茶芽头茁壮,长短大小均匀,内呈橙黄色,外裹一层白毫,茶芽外形很像一根根银针,雅称"金镶玉"。茶汤香气清鲜,汤色橙黄明净,味甜爽,叶底嫩黄匀亮。

(二)鲜叶要求:

鲜叶一般在清明前7~10d开始采摘,清明后10d结束,采芽头,要求芽头肥壮重实,芽头25~30mm、宽3~4mm。凡雨水芽、露水芽、细瘦芽、空心芽、紫色芽、风伤芽、虫伤芽、开口芽、弯曲芽均不采。

(三)炒制技术

君山银针加工分摊青、杀青、摊凉、初烘与摊凉、初包、复烘与摊凉、复包、干燥八道工序,历时72h左右。

1. 摊青

将采回的芽头薄摊于竹匾中,置于阴凉处摊放4~6h,中途不翻动,待水分减少5%左右即可杀青。

2. 杀青

在斜锅中杀青,锅径60cm。先将锅壁磨光擦净,保持锅壁光滑,锅温120℃左右,每锅投叶量0.50kg左右,叶子下锅后用手轻快翻炒,切忌重力摩擦,以免芽头弯曲,脱色,色泽深暗。经4~5min,锅温降至80℃,炒至茶芽萎软,青气消失,减重30%左右,即可出锅。

3. 摊凉

杀青叶出锅后放在小竹匾中,轻轻簸扬数次,以散发热气,清除碎片,然后摊放2~3min即可。

4. 初烘与摊凉

摊凉后的茶芽,按每锅杀青叶量均匀地薄摊在3个小竹匾内(竹盘直径46cm,内糊两层牛皮纸),放在焙灶(焙灶高83cm,灶口直径40cm)上,用炭火进行初烘。温度

控制在50~60℃。每隔5~6min翻一次，历时25min左右，烘至5~6成干即可下烘，下烘后摊凉2~3min。

5. 初包

摊放后的茶坯，取1.00~1.50kg用双层牛皮纸包成一包，置于无异味的木制或铁制箱内，放置40~48h，使茶坯闷黄，约24h翻包一次。待芽色呈现橙黄时为适度。初包时间的长短与气温密切相关，当气温在20℃左右，约需40h；气温低，则应适当延长初包闷黄时间。

6. 复烘与摊凉

仍用篾烘盘，复烘时每竹盘摊叶量比初烘多1倍，温度掌握在45℃左右，烘至7~8成干，下烘，摊凉。

7. 复包

复包方法与初包相同，作用是弥补初包时黄变程度的不足，历时需24h左右。待茶芽色泽金黄均匀，香气浓郁即为适度。

8. 干燥

足火温度为50~55℃，每烘盘约0.50kg，焙至足干为止，含水量不超过5%。

二、蒙顶黄芽

（一）品质要求

产于四川省雅安市蒙顶山。蒙顶山是茶文化的发祥地之一，早在2000多年前的西汉时期，蒙山茶祖师吴理真就开始在蒙山顶驯化栽种野生茶树，开始了人工种茶的历史。蒙顶黄芽外形扁直，芽条匀整，色泽嫩黄，芽毫显露，花香悠长，汤色黄亮透碧，滋味鲜醇回甘，叶底全芽嫩黄。

（二）鲜叶要求

对鲜叶要求极为严格。每年春季，当茶园内有10%左右的芽头鳞片展开，即可开园采摘肥壮芽头，做特级黄芽原料；随着时间推移，茶芽长大，可采一芽一叶初展的俗称"鸦雀嘴"的芽头做一级黄芽茶的原料，但不能采摘真叶已开展的芽头（俗称空心芽）。从春分采摘到清明后10d左右结束。要求芽头肥壮，长短大小匀齐，每千克有1.60万~2.00万个单芽，并做到六不采，即不采紫色芽、瘦弱芽、病虫芽、雨水芽、露水芽、空心芽。采回后及时摊放。

（三）炒制技术

目前主要采用手工加工，其主要工艺流程有鲜叶摊放→杀青→初包→复锅二炒→复包→三炒→摊放→四炒→烘焙干燥等工序。

1. 鲜叶摊放

采回的鲜叶应立即摊放在篾簸上，厚度1~2cm，4~6h后便可加工。

2. 杀青

当锅温升到100℃左右，均匀地涂上少量白蜡。待锅温达到130℃时，蜡烟散失后即可开始杀青。每锅投入嫩芽120~150g，杀青手法采用先闷后抖，以压、抓、撒相结合，历时4~5min，当叶色转暗，茶香显露，芽叶含水量减到55%~60%，即可出锅。

3. 初包

初包是蒙顶黄芽黄变的重要工序。初包黄变的适宜条件是茶坯含水55%~60%，叶温35~55℃，初包60~80min，放置30min时开包翻拌一次，使黄变均匀一致，待叶色由暗绿变微黄时，可进行复锅二炒。

4. 复锅二炒

继续散发水分和挥发初包中产生的水闷气，促进茶叶理化变化，发展甜醇滋味。锅温为70~80℃，超过100℃时茶叶易生爆点，同时外干内湿，不能满足内部变化的条件；锅温低了，操作时间延长，茶叶显黑。二炒时间以3~4min，投叶量100g左右为宜。采用抖闷结合的手法，重在拉直，初步形成黄芽的品质特征，炒至含水量45%左右时即可复包。

5. 复包

为了促使在制品进一步黄变，形成黄汤黄叶的品质特征，按初包方法，将50℃的复炒叶进行包置，经50~60min的保温放置，叶色变为黄绿色时再进行三炒。

6. 三炒

目的是继续蒸发水分，固定外形。操作方法与二炒相同，锅温70℃时，投叶量100g左右，炒3~4min，含水量下降至30%~35%时为适度。

7. 堆积摊放

目的是促进叶内水分均匀分布及多酚类化合物进一步自动氧化，达到黄汤黄叶的要求。将三炒叶趁热撒在细篾簸箕上，摊放厚度5~7cm，盖上草纸，要求茶坯保温在30~40℃，时间24~36h为佳。

8. 四炒（整形提毫）

目的是进一步散发水分，发展茶叶香气。同时整理形状，做到茶叶扁直、光滑。锅温60~70℃，每锅投叶量100g左右，历时3~4min。操作以拉直、压扁茶芽手法为主；提毫时将锅温提高，手握茶芽，在锅中翻滚，提高芽温，待芽毫显露，形状固定、茶香浓郁时，即可出锅。如黄变不够，可在室温下再堆积摊放10~48h，直到黄变适度再进行烘焙。

9. 烘焙干燥

目的是增进香气，散发水分，有利贮存。使用烘笼烘焙，每笼烘叶250g，至茶叶含水量5%左右下烘，趁热包装入库。

三、北港毛尖

（一）产地与品质要求

唐代称"邕（yōng）湖茶"，产于湖南省岳阳市北港。外形芽壮叶肥，毫尖显露，

呈金黄色；内质香气清高，汤色橙黄，滋味醇厚，叶底黄明肥嫩似朵。

（二）鲜叶要求

北港毛尖鲜叶一般在清明后5～6d开园采摘，要求一号毛尖原料为一芽一叶，二、三号毛尖为一芽二三叶。在晴天采摘，不采虫伤、紫色芽叶、鱼叶及蒂把。鲜叶随采随制。

（三）炒制技术

其加工方法分：锅炒→锅揉→拍汗→复炒→烘干五道工序。

1. 杀青（俗称锅炒）

北港毛尖的杀青颇别致，与一般绿茶和黄茶杀青极不一样。北港北毛尖采用高温投叶，中温长炒老杀的方法。杀青要求锅温200℃以上，投叶2000克抖炒2min后即降温至100℃左右，再炒12～13min，茶坯达三四成干时，锅温已逐步降至40℃左右，即转入锅揉。在较长时间的锅中，由于茶叶含水量较高，叶绿素破坏相当严重的，为黄茶要求的特有品质奠定了基础。

2. 锅揉

杀青后并不出锅，在锅温40℃左右，茶叶含水率为55%左右时转入锅揉，即在锅中边揉边炒。间以解块操作。待茶叶成条索状时，即出锅拍汗。

3. 拍汗

所谓拍汗，即将茶坯盛篾簸内，堆积拍紧，上覆棉套，以保温保湿。闷渥30～40min，使茶叶回润变黄。

4. 复炒复揉

经过拍汗后，将茶坯再投入锅中复炒。锅温60～70℃，边炒边揉，至茶条紧卷，白毫显露，约八成干时出锅摊凉。

5. 烘干

用木炭烘焙，火温80～90℃，到足干下焙，茶叶烘干后必须摊凉，再装箱内严封，使之后熟。经过后熟，芽叶色泽金黄泽润，便成了质优形美的北港毛尖。

四、霍山黄大茶

（一）产地与品质要求

亦称为皖西黄大茶，自明朝便已有记载，产于安徽霍山、金寨、大安、岳西等地。外形梗壮叶肥，叶片成条，梗叶相连形似钓鱼钩，梗叶金黄显褐，色泽油润，汤色深黄显褐，叶底黄中显褐，滋味浓厚醇和，具有高嫩的焦香。

（二）鲜叶要求

鲜叶采摘标准为一芽四五叶。春茶一般在立夏前后2～3d开采，采期1个月左右，采

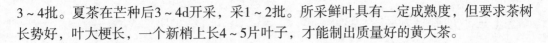

3～4批。夏茶在芒种后3～4d开采，采1～2批。所采鲜叶具有一定成熟度，但要求茶树长势好，叶大梗长，一个新梢上长4～5片叶子，才能制出质量好的黄大茶。

（三）炒制技术

1. 杀青（揉捻）

生锅：主要是起杀青作用，采用大竹丝把在锅内进行滚炒，速度要快，用力要匀，翻炒时不要松把，使茶叶在锅内炒得散，不能炒成团。炒至叶色发暗，转入熟锅。熟锅：主要是外形做细作用，采用软竹丝把在锅内转圈要大，起揉捻作用。不可炒得满天飞，茶坯炒成团后要及时松把，解散团块，炒至茶坯干湿均匀出锅。

2. 初烘

用竹制烘笼烘焙，烘顶温度120℃左右，投叶量以摊放厚度2cm左右为度，采取高温勤翻快烘，翻烘要均匀，烘至七八成干即可下烘。

3. 闷黄

闷黄是霍山黄大茶品质形成的关键工序，初烘后的茶叶趁热闷堆在篾篮内，生产量大可用圈席围起来进行闷黄，茶坯上面就覆盖棉布，或团簸，保持温湿度，以便闷黄，时间大概要7d左右，待叶色变黄后，即可复烘。

4. 复烘（拉小火）

用竹制烘笼烘焙，烘顶温度120℃左右，投叶量摊放厚度3cm左右，翻烘要轻勤，烘至茶坯九成干左右，即可下烘，堆放继续闷黄7～10d。

5. 拉老火

用竹制烘笼烘焙，烘顶温度130～150℃。投叶量摊放厚度10cm左右，采用工人抬烘，几秒钟翻一次，来回走烘几十次，烘至茶梗折之即断，梗心呈菊花状，茶叶达焦香味浓，芽叶上霜为适度，即可下烘，趁热装篓、踩实、包装、密封。

五、广东大叶青

（一）产地与品质要求

其产地为广东省韶关、肇庆、湛江等县市。外形条索肥壮、紧结、重实，老嫩均匀，叶张完整、显毫，色泽青润显黄，香气纯正，滋味浓醇回甘，汤色橙黄明亮，叶底淡黄。

（二）鲜叶要求

大叶青以云南大叶种茶树的鲜叶为原料，采摘标准为一芽二三叶。所采鲜叶具有一定成熟度，但要求茶树长势好，叶大梗长，一个新梢上长4～5片叶子，才能制出质量好的黄大茶。

（三）炒制技术

制法是先萎凋后杀青，再揉捻闷堆，这与其他黄茶不同。杀青前的萎凋和揉捻后闷黄的主要目的，是消除青气涩味，促进香味醇和纯正，产品品质特征具有黄茶的一般特点，所以也归属黄茶类，但与其他黄茶制法不完全相同。

1. 萎凋

可用日光萎凋、室内萎凋和萎凋槽萎凋。不论采用哪种萎凋方法，鲜叶应均匀摊放在萎凋竹帘上，厚度为15～20cm，嫩叶要适当薄摊，老叶可适当厚摊。为使萎凋均匀，萎凋过程中要翻叶1～2次，动作要轻，避免机械损伤而引起红变。室内萎凋，在室温28℃的情况下，萎凋时间4～8h。大叶青萎凋程度较轻，春茶季节萎凋叶含水率要求控制在65%～68%，夏秋茶68%～70%。可见萎凋程度与青茶相当，其理化变化程度也大致相似。如果鲜叶进厂时，已呈萎凋状态，则不必要进行正式萎凋，稍经摊放，即可杀青。

2. 杀青

杀青是制好大叶青的重要工序，对提高大叶青的品质起着决定性作用。杀青方法可用手工或机械。现以84型双锅杀青机为例，当锅温上升到220～240℃。即投入萎凋叶8kg左右，先透杀1～2min，再闷杀1min左右，透闷结合，杀青时间8～12min，当叶色转暗绿，有黏性，手捏能成团，嫩茎折而不断，青草气消失，略有熟香时即起锅。

3. 揉捻

一般用中、小型揉捻机。要求条索紧实，又保持锋苗、显毫。揉捻程度不宜太重。以65型揉捻机为例，投叶量约40kg，全程揉捻时间45min，第一次揉30min，先不加压揉15min，再轻压10min，松压5min，下机解块；第二次揉15min，先中压10min，后松压5min，解块筛分出一号茶、二号茶、三号茶，进行闷堆。

4. 闷堆

是形成大叶青品质特点的主要工序。将揉捻叶盛于竹筐中，厚度30～40cm，放在避风而较潮湿的地方，必要时上面盖上湿布，以保持叶子湿润，叶温控制在35℃左右。在室温25℃以下时，闷堆时间4～5h，室温28℃以上时，3h左右即可。闷堆适度时，叶色黄绿而显光泽，青气消失，发出浓郁的香气。

5. 干燥

分毛火、足火。毛火温度110～120℃，时间12～15min，烘至七八成干，摊凉1h左右。足火温度90℃左右，烘到足干，即下烘稍摊凉，及时装袋。毛茶含水率要求不超过6%。对于粗老的茶叶，毛火可用太阳晒到七成干，再行足火。

思考题

1. 现代黄茶的加工工艺流程（四步）是什么？关键步骤是什么？
2. 中国黄茶按照鲜叶老嫩分为哪几种？
3. 君山银针的品质特征是什么？广东大叶青的品质特征是什么？蒙顶黄芽（一级）的品质特征是什么？

参考文献

［1］陈宗懋，杨亚军. 中国茶经［M］. 上海：上海文化出版社，2011.
［2］田敏，孙志国，刘之杨，定光平. 我国黄茶的地理标志与文化遗产研究［J］. 江西农业学报，2014，06：97–101.
［3］唐·陆羽，等. 茶典［M］. 济南：山东画报出版社，2004.
［4］安徽农学院. 制茶学［M］. 北京：中国农业出版社，2010.
［5］朱小元，宁井铭. 黄茶加工技术研究进展［J］. 茶业通报，2016，02：74–79.
［6］杨涵雨，周跃斌. 黄茶品质影响因素及加工技术研究进展［J］. 茶叶通讯，2013，02：20–23.
［7］李丹. 四川名优黄茶加工技术及制茶品质评价［D］. 四川农业大学，2016.
［8］周继荣. 鹿苑茶品质形成机理及机械化加工工艺研究［D］. 华中农业大学，2004.
［9］杨瑞. 蒙顶黄茶的研制及加工工艺研究［D］. 四川农业大学，2015.

第六章 黑茶加工

第一节 概 述

黑茶是六大茶类之一，也是中国特有的一大茶类。黑茶生产历史悠久，产区广阔，销售量大，品种花色很多。公元1074年（北宋熙宁年间）就有用绿毛茶做色变黑的记载。黑茶的品质特点：外形叶大梗粗，条索圆直，肥大尚紧结，色泽黄褐色或者偏黑润；内质香味醇和带松烟香味，或陈香味，汤色橙黄，叶底黄褐软匀。黑茶产量占全国茶叶产量四分之一，以边销为主，部分内销，少量侨销。因而也称"边茶"，是边疆蒙古、藏、维吾尔族等兄弟民族日不可少的饮料。

黑茶产销概况

中国是茶的故乡，在国际茶叶贸易中具有十分重要的地位。据数据显示，2015年，我国黑茶产量达29.71万吨，内销量为14.08万吨，产量较去年增加了1.66万吨。2011~2015年，中国黑茶产量年均复合增长率为36%。黑茶产量前5省区为云南、湖南、湖北、四川、贵州，其产量分别12.54万吨、6.94万吨、3.94万吨、3.32万吨、1.08万吨。

随着黑茶市场的持续发展，消费者对黑茶的认知度不断提高。茶区各级政府十分重视黑茶产业的发展，使茶叶产业成为主产区农民增收和财政增长的支柱产业。发展黑茶有利于推动地方经济发展，有利于广大消费者的身体健康。尤其是黑茶的耐存储特性和独特的保健功能，广受消费者青睐，市场前景良好。

第二节 黑茶加工

黑茶原料的加工工艺主要为：鲜叶→摊晾→杀青→揉捻→解块→干燥等工序。

一、摊晾

一般摊放厚度以15~20cm为度。鲜叶摊放程度，观察鲜叶呈碧绿色有墨绿之感，叶片柔软即可，以使杀青工序顺利进行和提高内质。鲜叶摊放过程中，尽量少翻动，最好不翻动，鲜叶叶质柔软，翻动很容易碰伤叶子，引起红变。

二、杀青

杀青的方法分锅炒杀青和蒸笼杀青两种：

（一）锅炒杀青

杀青的锅温掌握在240~300℃，根据鲜叶原料老嫩程度的不同，掌握投茶量。一般春秋叶投茶量多些，夏茶投茶量少些。

鲜叶下锅后先用手翻炒，至叶温升高烫手时，改为右手持炒茶叉，左手持草把，自右至左连续翻炒，使叶子全部受热，再用双手执持木叉自前向后连续翻转闷炒，使生熟均匀，待"劈啪"声稍止，再将叶子向上掀散抖炒，使叶子水分散发，如此反复进行两三次，每次8~10叉。

杀青时间以杀青叶色变为青绿色，手捏成团，叶不焦边，香气清香即为杀青适度。用草把将茶叶扫出，趁热揉捻。

（二）蒸笼杀青

手工生产是将鲜叶薄摊在蒸笼内用蒸汽蒸；工业化大生产则采用蒸汽锅炉产生的热蒸汽，通过蒸青机来进行杀青处理。茶叶在蒸青时必须掌握恰当。蒸青必须蒸透，但蒸青过度和蒸青不足一样，都会给茶叶品质带来不利的影响。

蒸青适度的茶叶，叶色青绿，底面色泽一致，清甘香味，无青草气。叶色柔软而有粘手感，梗折不断；蒸青过度，叶片褐黄，香气低闷，缺乏清香；蒸青不足，叶背有白点，梗茎易折断，挤出的叶汁有青草气。

对于蒸青时间的长短，应视原料老嫩、水分多少和品种而定。凡是含水量高的，热传导良好。故细嫩、水分多的叶子，施肥量多的叶子，蒸的时间可以短些；含水分少和较硬的老叶，时间要延长些。

三、揉捻

黑茶原料加工时根据鲜叶老嫩的不同，较粗老鲜叶揉捻时必须采取轻压，揉机转速要慢，揉捻时间不宜长，否则将会产生叶肉和叶脉分离形成"丝瓜络"，梗皮脱落形成脱皮梗。生产实践中，掌握揉捻时间的长短和加压的轻重应视茶叶老嫩和揉捻机的转速而定，复揉后的茶坯不宜摊放过久，如不能及时干燥，要经常翻拌透气散热。

四、解块

在解散团块的同时，会抖松条索，影响条索紧度。因此，不需解散团块的就不要解块；细嫩叶体积小，投叶量可多些；粗老叶体积大，叶量应少些。细嫩叶子，采取一次揉捻；较老叶子，可分二次揉捻，中间解块一次。操作时，上叶要均匀，筛底叶继续下

一步加工，粗头可再揉捻一次，以使茶条更加紧结。

五、干燥

黑茶原料加工的干燥主要是通过日光干燥。加工后的黑茶原料含水量在10%左右，就可以经过较长时间的保存，同时还能让其向着黑茶品质形成的方向发展。但是如果黑茶原料含水量过高，茶叶内部化学反应过度，微生物生长过快，茶叶就会很快发生过度霉变，对下一步加工不利。

黑茶原料的干燥因时间长，受自然条件影响较大，在阴雨天，只有用各家的厨房锅灶的余热烘干，有的甚至是晾干，这样干燥的茶叶品质较差。总的来说黑茶原料的干燥成本低，但应注意摊晒时的卫生，不能混入其他非茶类夹杂物。黑茶原料加工厂应有能满足加工要求的专用晒场。晒场可用水泥、地板砖、竹木、不锈钢等材料建成，应光洁无污垢，并配备冲洗设施，使用前、后要及时冲洗干净。

第三节　黑茶名茶加工

黑毛茶须经过加工为半成品后，再经蒸压和干燥等过程，才能成为一定规格要求的成品茶。

一、安化黑茶

湖南安化黑茶主要品种有"三尖""三砖""一卷"。三尖茶又称为"湘尖茶"，指天尖、贡尖、生尖；"三砖"指茯砖、黑砖和花砖；"一卷"是指花卷茶，现统称安化千两茶。

（一）茯砖

茯砖茶是边疆兄弟民族需要较多的一种成品茶。分特制茯砖和普通茯砖两种产品。现今益阳茶厂生产特制茯砖，临湘茶厂生产普通茯砖。

茯砖制法：毛茶拼配→拼堆筛分→汽蒸渥堆→压制定型→发花干燥→成品包装。

即黑毛茶在渥堆前先经过揉捻、杀青、筛选、拼配等前处理，然后控温控湿渥堆，进行第一次发酵，经过高温气蒸后压制成砖进行二次发酵，也就是"发花"，最后干燥包装。

1. 毛茶拼配与筛分

毛茶按级筛分，将干净的黑毛茶按级打碎，再与茶梗按一定比例拼配。

2. 汽蒸渥堆

依照毛茶原料的含水情况，增加一定的湿度，也称汽蒸，将原料输入蒸汽机内进行汽蒸，可以消除青草味，借水热作用促进茶叶内复杂的理化变化。控温渥堆，将拼配好的、增湿后的原料囤积成2m左右的茶堆，并控制一定的温度促使茶叶内各种微生物繁殖，又称第一次发酵或前发酵。在原料中加入茶汁，茶汁是茶梗、茶果熬制的，含有多种可溶性物质，有利于"金花菌"的生长；同时发花加入适当水分有利提高茶坯的黏结度。二次汽蒸，加入茶汁后要充分搅拌均匀，通入蒸汽机进行汽蒸，使茶坯软化，便于压制。

3. 压制定型

然后称茶，称茶主要在于合理准确配料，以保证产品单位重量符合要求。压制，渥堆后的茶叶经过高温汽蒸后进入到生产线上压制成砖形。冷却退砖，压制后的砖匣输送至凉置架上，进行冷却定型；然后将冷却后的砖匣，输送至退砖机下，松开铁夹板，退出砖片。

4. 发花干燥与成品包装

将压制好的茯砖茶置于发花房内，促使"金花菌"大量生长，发花完成后干燥包装，即得成品，一般新生产的茯砖茶要放置仓库"陈化"半年以上再进入市场。使其口感更加醇和。

（二）黑砖和花砖

黑砖茶，因用黑毛茶作原料，色泽黑润，成品块状如砖，故名。花砖茶的加工方法是用安化境内优质黑毛茶作原料。"花砖"的名称由来，一是由卷形改砖形，二是砖面四边有花纹，以示与其他砖茶的区别，故名"花砖"。黑砖和花砖制法基本相同。

黑砖和花砖制法：毛茶拼配→毛茶筛分→压制技术→烘房作业→包装作业。

（三）千两茶

千两茶系黑茶茶类中的一个品种，创制于湖南省安化县江南一带，是安化的一个传统名茶，以每卷（支）的茶叶净含量合老秤一千两而得名，因其外表的篾篓包装成花格状，故又名花卷茶。

千两茶制法：毛茶拼配→司称汽蒸→装篓→踩压整形→锁篾→凉制。

1. 司称

首先要调整老秤，即用200两砝码，约6.25kg，调整秤砣的位置，使秤杆水平，固定秤砣位置。然后开堆称取，开堆要求从上到下，截口平整，宽不超过33.33cm，以保证上身茶和中身茶混合均匀。称取时，留出总量的百分之几，加入下身茶，使秤杆达到水平，将称好的茶叶倒入布包，扎紧布包。一支千两茶要称五次，即五包茶。

2. 蒸茶

汽蒸能使茶叶受热、吸湿、软化，并消毒杀菌作用。蒸茶前，要检查设备是否正常。将5包茶叶码放在蒸桶内，盖上布，蒸茶4min。

3. 灌篓

在蒸茶时先进行铺篓，取两片缝合的寮叶粽片放入篾篓，再将两头开口的布袋放入篾篓，用一竹圈固定，便于灌篓。蒸茶时间到，应立即灌篓，放入第一包茶，垫上布，用木棒筑紧茶叶，拿出垫布，放入第二包茶，采用同样方式筑紧。筑紧时注意力度，防

止一头大一头小，一头紧一头松的问题，最后一包茶要边放边捣实，全部放完后取出布袋，用寮叶棕片盖好，稍抽紧编篾，盖好牛笼嘴（用篾编织的一碗形篾盖），用棍子压住，抽紧编篾。

4. 踩压

踩压包括滚踩、绞杠、压杠、匀杠、滚踩收篾、匀压等工序，要反复五次，再打鼓包，放置1d，最后收篾等步骤。踩压在黄土夯实的地面上进行，地面加入了食用盐，以保持地面湿润，不起粉尘。将灌篓后的千两茶放在地面，用一根木棍缠住编篾，大家一齐用力向前滚，该过程叫绞杠。第一轮绞杠只能用5分力，不能一绞到底，将六根编篾逐一绞杠；随后进行压杠，用大木杆在茶上压杠一次，将千两茶翻动后，再回压杠一次；压完后，将千两茶翻动，快速轻压杠赶茶，称为匀杠。千两茶要经过"五轮滚"，即五次绞杠、四次压杠、赶茶；第二次绞杠起着检查的作用，使千两茶周身全部绞到；随后也要压杠赶茶；第三轮和第二轮一样；三轮后千两茶已成功瘦身；第四轮绞杠前，用66.67cm长的竹条进行比量，看是否达到标准，对不达标的地方，重点进行绞杠；第五轮绞杠后，还要用木槌进行整形，将弯曲和鼓包的地方敲平、敲直，称为打鼓包。踩压后的千两茶要在室内放置12h或1d进行冷却，再锁篾。锁篾即将编篾锁紧，使其紧结、匀称。

5. 干燥

千两茶的干燥采用自然干燥，将压制完成的千两茶放入凉棚架上，放置50d左右，当水分降为15%时即可出棚，待售。

二、藏茶

藏茶是藏族同胞的主要生活饮品，中国藏茶自唐朝就有记录，已是千年古茶。藏茶属于最典型的黑茶，它的颜色呈深褐色，又是后发酵茶。雅安藏茶是源于传统南路边茶中的高端黑茶类产品，有解油腻、去脂减肥、清除自由基等保健功效。其品质独特，具有茶条完整、色泽棕褐、汤色橙红明亮、滋味醇和的风味特征。传统南路边茶一般采用一芽三至五叶及秋冬修剪叶作为原料，初加工工序主要包括：杀青、揉捻、渥堆和干燥等工序。

（一）杀青

将摊凉、分选好的藏茶鲜叶放入红热滚筒式杀青机内，炒制杀青。杀青的目的是降低鲜叶的酶活性，散发和去除青气，开发茶叶的香气，以小焦、小煳、小生、能轻轻脱去红苔为宜。

（二）揉捻

揉捻多采用中小型揉捻机，揉捻的过程中小加压。揉捻的目的是支离茶叶的表而组织膜，同时规范叶片外形，形成较好条索状，利于下一工序茶叶的活性物质转化。揉捻与熏蒸循环进行，通常要进行三熏三揉，甚至更多。

（三）渥堆发酵

渥堆发酵是藏茶品质形成的关键工序，渥堆发酵是在湿热及微生物作用下使茶叶多酚等物质发生一系列氧化、缩介、水解反应，生成决定藏茶的色、香、味品质特征的复杂产物，这些产物不仅决定了藏茶的风味品质，还决定了藏茶的功能。

目前，雅安藏茶基本采用自然渥堆方式。渥堆发酵时间长，一般要发酵30d左右，有时长达3个月之久；人工翻堆操作烦琐，自然渥堆的堆面和堆内温度不一致，发酵程度小同，调节温度等需要人工对茶堆进行翻堆，才能达到均匀发酵；加工环境差，自然渥堆发酵过程中茶坯会产生褐色汁液，污染加工环境；渥堆过程中茶坯极易结块影响发酵均匀度。

（四）干燥

渥堆后，茶坯的含水量在30%左右，干燥过程可用晒干或烘干两种形式，茶坯含水量14%时即可结束干燥过程。

（五）压型

藏茶在现有竹条包装的基础上开发了集工艺、观赏、收藏于一体的多种包装方式，相应压型就有多种小同需求，加工厂大都使用简易的机械或液压成型。新藏茶形状以长方形、正方形为主，亦有圆盘、圆柱、扇形等。

三、六堡茶

六堡茶为历史名茶。属黑茶类。因原产于梧州市苍梧县六堡乡而得名。产地制茶历史可追溯到一千五百多年前。清嘉庆年间就列为全国名茶。原产于苍梧县六堡乡一带。六堡茶色泽黑褐光润，汤色红浓明亮，滋味醇和爽口、略感甜滑，香气醇陈、有槟榔香味，叶底红褐，并且耐于久藏，越陈越好。

六堡茶的茶叶初制包括：杀青→揉捻→沤堆→复揉→干燥。鲜叶原料多采摘为一芽三四叶，白天采，晚上制。

（一）杀青

六堡茶杀青锅温160℃，每锅投叶2~2.5kg，杀青机每次投叶7.5kg，下锅后先闷炒后扬炒，然后闷扬结合，嫩叶多扬少闷，老叶多闷少扬。一般杀青5~6min，到芽叶柔软，茶梗折而不断，叶色转为暗绿为适度。

（二）揉捻

摊凉后进行揉捻，有手揉和机揉两种，手揉一次可揉1~1.5kg，机揉依揉捻机的大小而定。揉捻的目的主要是以整形为主，细胞破损为辅，叶破损率在40%即可。揉时加压要适度，其过程大体如下：轻揉→轻压→稍重压→轻压→轻揉，揉后解块。一般1~2

级茶揉40min，3级以下的茶揉45~50min。

（三）沤堆

青叶揉好之后，即进行沤堆。将揉好的茶坯放入箩内或堆放在竹笪上进行沤堆发酵。这是决定六堡茶色、香、味的关键工序。堆高3~5cm，每箩装湿茶坯15kg左右，堆沤时间在15h以上，茶堆温度一般在40℃左右为宜。如温度高过50℃，则会烧堆，因此在沤堆过程中要注意翻堆散热。沤堆时温度低，即用60℃左右的火温将茶坯烘至五至六成干再沤堆。

（四）复揉

经过沤堆发酵之后，茶条会轻散一些，因此要进行复揉5~6min，目的是为了重新揉紧茶条，使茶叶重新塑形。

（五）干燥

六堡茶的干燥主要以烘干为主，分毛火和足火两次进行。传统的方法是用烘茶锅（烘笼），摊叶3.3cm左右，最好是用松明火烘，烘温80~90℃，每隔5~6min翻拌一次，烘到六至七成干下焙摊凉半小时，即进行打足火，足火温度50~60℃，摊叶厚度6.6cm，烘2~3h，茶梗一折即断即可。

（六）复制

六堡茶的初制制作完成之后，进行复制。复制过程包括：过筛整形→拣梗→拼堆→冷发酵→烘干→上蒸→踩篓→凉置陈化。

先进行冷发酵，将毛茶增湿，含水量达12%。堆沤7~10d，以补初制发酵不足，当茶叶水分干到10%左右，即上笼蒸30min，至叶全软为度，叶含水达到15%~16%。传统的制法是将茶炊蒸后堆置20~30天，这些沤堆的湿热作用。进一步促使茶叶内含物的变化。由于茶多酚非酶性氧化作用，继续使茶黄素，茶红素等有色物质增加，使其色、香、味加厚，达到六堡茶的特有品质风格。

六堡茶的品质要陈，越陈越佳。凉置陈化，是制作过程中的重要环节，不可或缺。一般以篓装堆，贮于阴凉的泥土库房，至来年运销，而形成六堡茶的特殊风格。因此，夏蒸加工后的成品六堡茶，必须经散发水分，降低叶温后，踩篓堆放在阴凉湿润的地方进行陈化，经过半年左右，汤色变得更红浓，滋味有清凉爽口感，且产生陈味，形成六堡茶红、浓、醇、陈的品质特点。

思考题

1. 列举常见黑茶。
2. 简述黑茶加工工艺。
3. 黑茶精加工要点是什么？

参考文献

［1］陈宗懋,等. 中国茶经. 上海：上海科学技术出版社, 1986.

［2］杨亚军. 中国茶树栽培学. 上海：上海科学技术出版社, 2005.

［3］庄晚芳. 中国茶史散论. 北京：科学出版社, 1989.

［4］刘宝祥. 茶树的特性与栽培. 上海：上海科学技术出版社, 1980.

［5］江俊昌,等. 茶树育种学. 北京：中国农业出版社, 2006.

［6］俞永明,等. 茶树良种. 北京：金盾出版社, 1996.

［7］虞富莲. 茶树新品种简介. 茶叶, 2002, 28（3）.

［8］陈炳环. 茶树分类初探. 中国茶叶. 1988, 10（2）.

［9］李光涛. 云南大叶种茶树短穗扦插技术研究. 茶业通报, 2005, 27（3）.

［10］徐泽,李中林,胡翔,等. 茶树扦插繁育综合技术研究. 西南园艺, 2005, 33（1）.

第七章　白茶加工

第一节　概　述

白茶是我国福建的外销特种茶之一。该省的福鼎市、政和县、松溪县和建阳市水吉镇为主产区。台湾省也有少量生产。白茶制法特异，不揉不炒，保持了自然的叶态，成茶满披白毫、如银似雪，第一泡茶汤清淡如水，故称白茶，这是其他茶类所不及的。

白茶产销概况

白茶生产历史悠久，为我国特产，以外销为主。据中国茶叶流通协会数据显示：2016年全国白茶总产量为2.25万吨，较之上一年添加0.27万吨，增幅为13.74%。其中，福建省的白茶产量上涨0.19万吨，达到1.85万吨，占全国总产量的82.25%；2016年，在福建省内，福鼎、政和、建阳三地的产量之和占全省的96.05%。其间，福鼎市白茶产量1.14万吨，同比2014年的0.78万吨，增幅为45.69%；政和白茶产量为0.55万吨，同比2014年0.21万吨，增幅为164.42%；建阳白茶产量0.09万吨，同比2014年的0.07余吨，增幅约为28%。

数据显示，近三年来，我国白茶工业继续呈现出量增价升的态势。特别是一些品牌白茶连年调价，且增幅坚持在20%～40%不等。据我会汇总计算：2016年，全国白茶内销总量约为9000吨，出售均价在300元/公斤左右，出售总额约为27亿元。

近年来，白茶消费在国际市场中逐渐崛起，尤其在欧盟、北美、日本商场需求量日渐增大，求过于供，且价格比港澳及东南亚商场价高出50%以上，白茶在国际市场中的份额会逐渐增加，白茶的产销量与市场占有率不断攀升。

第二节　白茶加工

白茶加工过程分萎凋和干燥两个工序。加工技术根据天气情况而采用不同的方法。在晴天，日照强、空气温度较高（20～30℃），相对湿度低（75%）的情况下，采用室内自然萎凋、干燥制法；在阴雨天气，尤其是低温高湿的情况下，采用加温萎凋、烘焙干燥法。

一、萎凋

萎凋是白茶品质形成的关键。白茶萎凋方法较多，有室内自然萎凋、室内加温萎凋、复式萎凋等，采用萎凋的形式要根据天气和叶质来确定。

（一）室内自然萎凋

萎凋室要求四面通风、无日光直射、并防雨雾侵入，场所工具卫生清洁，并控制一定的温湿度，春茶室温18～25℃，相对湿度67%～80%；夏秋茶室温30～32℃，湿度60%～75%。采回鲜叶要求按老嫩分开，不得混杂，并及时分别萎凋。萎凋是在水筛上进行，每个水筛约摊0.25kg，并开筛（开青），使叶均匀摊开，叶片互相不重叠，将水筛放置在萎凋室的凉青架上进行萎凋。历时48～60h，雨天时间则需延长，但不能超过三天（72h）否则，芽叶发霉变黑。如果遇气温高、湿度低的情况，萎凋时间则可能要缩短，但不能少于48h，否则成茶有青草气，滋味涩，品质不好。

（二）加温萎凋

加温萎凋就是人为地提高室内温度的方法进行萎凋，温度控制在29～30℃，不超过32℃不低于20℃，相对湿度保持在65%～70%。萎凋室要通气透风，以免嫩芽和叶缘失水过快，梗脉中水分补充不上，叶内理化变化不足，造成芽叶干枯变红。加温萎凋时间要求不少于30h，以34～38h好，当萎凋叶达六成干时，则用低温初焙，初焙后再摊放一段时间，达到八成干时，可采用低温慢焙至足干。

（三）复式萎凋

是在晴天时，利用早晨或傍晚较弱的阳光进行日晒，晒至叶片微热时移入室内萎凋，如此反复进行2～4次。在气温25℃，相对湿度保持在63%的条件下，每次晒25～30min。但在夏季气温高，阳光强烈，不宜采用。

以上三种方法正常天气时常采用室内自然萎凋，而且品质也能保证，加温萎凋主要是为了解决雨天湿度大、气温低，自然萎凋太慢的矛盾，虽然时间短，但品质较差。复式萎凋主要是解决生产的高峰期，鲜叶多、自然萎凋时间长、效率低的问题，缩短萎凋时间，不使鲜叶因来不及萎凋而发生劣变，但复式萎凋品质也较差。所以多数情况下，采用的是自然萎凋。

（四）白茶萎凋程度

主要凭感官判断，即当芽叶毫色发白，叶色由浅绿变为灰绿或铁青，叶态如船底状，叶绿垂卷，嫩叶芽尖呈"翘尾"状时，应及时"并筛"。

并筛就是将雨水筛叶并为一水筛。如果不呈现"翘尾"，则可能是湿度大，叶片失水不够，也可能是叶子互相有重叠或受压，这样叶子失水受阻，难达到均匀一致的要求，并筛后继续萎凋，并且要根据失水情况，确定是否需要再次并筛。

并筛的目的就在于控制萎凋过程中水分散失的速度，散失快，不利于萎凋的"转色"；散失慢，时间延长，甚至会发黑；同时并筛促进叶绿垂卷，防止贴筛所造成的平板状态；并筛时要注意摊放要均匀，也不能过厚，同时防止机械损伤叶片，引起多酚类化物的氧化变红，最后萎凋达程度要求，叶片微软，叶色灰绿达九成干即可下筛烘焙。

二、干燥

白茶的烘焙，以天气及萎凋程序灵活掌握。烘焙对白茶起定色作用，同时固定品质和达到去水干燥的要求。萎凋适度叶（萎凋至叶片不贴筛，叶色变暗，毫心尖端向上翘起，约六到八成干时）要及时烘焙，以防变色变质，并促进香味的提高。烘焙时必须严格控制火温，如温度过高，又摊得过厚，茶芽红变，香气不正。温度过低，毫色转黑，品质裂变。若火候过度，毫色发黄，也有损品质。

烘焙方法有干燥机烘焙和烘笼烘焙两种：

（一）烘笼烘焙

萎凋程度达八成干，一次烘干，每烘笼摊叶1.00～1.25kg，火温90℃左右，时间15～20min；萎凋程度达六七成干，采用两次烘焙，每一烘笼摊放萎凋叶0.75～1.00kg。初焙用明火，温度100℃左右，焙10～15min，复焙用暗火，温度80℃，焙10～15min，中间摊凉0.50～1.00h。在烘焙中可翻拌三四次，翻拌动作宜轻，次数宜少，以免芽叶断碎，芽毛脱落，降低品质，要求烘至七成半干。

（二）烘干机烘焙

萎凋程度达七八成干时，分两次烘焙，初烘采用快盘，温度100～110℃，历时10min左右；初焙后进行摊放，放一段时间，然后复焙至足干，复烘采用慢盘，温度80～90℃，历时约20min，摊叶厚度4cm，烘至干。

烘焙后适应摊放，就可进行拣剔，拣除红张、梗片杂物等。这样即成白牡丹毛茶。

第三节　白茶名茶加工

一、白毫银针

白毫银针以色白如银，形状挺直似针而得名，芽头肥壮，分为福鼎制法与政和制法，福鼎所产银针，茶芽茸毛厚，色白富有光泽，汤色呈浅杏黄色，味道清鲜爽口。政和所产，滋味醇厚，香气芬芳。

白毫银针鲜叶采用肥壮茶芽。严格遵守"十不采"规定：雨天不采、露水不采、细瘦芽不采、紫色不采、损伤芽不采、出伤芽不采、开心芽不采、空心芽不采、有病弯曲芽不采、长一芽三四叶的芽不采，采下的肥壮芽头忌紧压，要及时运送茶厂加工，保持

第七章　白茶加工

新鲜。

（一）福鼎制法（北路银针）

1. 萎凋

萎凋是白毫银针制法的关键工序。鲜叶进厂后，将茶芽薄摊于水筛或萎凋帘内，摊匀勿重叠，因重叠部位鲜叶会变黑。放置于阳光下曝晒一天，达八九成干时（含水率达到10%~20%），剔除展开的青色芽叶，用文火焙干。

若受气候影响，在强光下曝晒一天，只能达到六七成干时，将其移入室内进行自然萎凋，至次日再晒至九成干，后用文火烘干。若采后遇到连续阴雨天或雾天，应用低温慢慢烘干，避免鲜叶变黑。有风的天气，也可先在室内萎凋，待减重30%左右，再用文火烘干。

2. 干燥

烘焙时，烘心盘上垫衬一层白纸，以防茶芽灼伤变黄，使成品茶毫色银亮，每笼摊芽0.25kg，烘温40~50℃，约30min可达足干。

烘焙时必须严格控制火温，如温度过高，又摊得过厚，茶芽红变，香气不正。温度过低，毫色转黑，品质裂变。若火候过度，毫色发黄，也有损品质。

（二）政和制法（西路银针）

1. 萎凋

鲜针摊于水筛上，置于通风出萎凋（或在微弱阳光下摊晒），至含水率在20%~30%是，移至烈日下晒干，一般需要2~3d才能完成。

晴天也可先晒后风干的方法，上午9时前或下午3时后，阳光不太强烈，将鲜叶置于阳光下晒2~3h后，移入室内进行自然萎凋至八九成干。

2. 干燥

政和银针萎凋后，进行晒干或用文火烘干。若连续阴雨天，萎凋后就必须进行烘干。

二、白牡丹

白牡丹绿叶披银毫，毫心肥壮，叶张肥嫩，绿叶夹银毫，呈叶片抱心形似花朵状，堪称"绿妆素裹"。内质毫香显、味鲜醇、汤色杏黄、清澈明亮，叶底浅灰，绿面白底，叶脉微红。白牡丹鲜叶采用一芽二叶，茶芽肥壮，叶张肥厚，不采细瘦芽叶，不采对夹叶，要新鲜、无病虫叶及无紫芽叶。

（一）萎凋

鲜叶进厂后，严格分清等级，及时分别摊青。摊好叶子后，将水筛置于萎凋室凉青架上，不可翻动。开筛后，根据气候，采用室内自然萎凋、复式萎凋或加温萎凋。春季低温晴朗天气，可采用复式萎凋，夏季因气温高，阳光强烈，不宜采用复式萎凋。

·85·

（二）干燥

依天气及其萎凋程度而灵活掌握。正常天气一般不进行烘焙，阴雨天进行纯自然萎凋有困难时，可先进行室内萎凋二昼夜，萎凋至叶片不贴筛、叶色变暗、毫心尖端向上翘起，6~8成干时，下筛烘焙，烘焙可用焙笼或干燥机进行，一切操作从轻，防止芽叶断碎，以确保外形完整。

贡眉、寿眉制法与白牡丹大致相同，但品质次于白牡丹。

三、月光白

月光白芽头饱满肥壮，满披白毫，叶面呈黑色，叶背呈白色，黑白相间，叶芽显毫白亮像一轮弯弯的月亮，整体看起来就像黑夜中的月亮。汤色杏黄明透，口感醇厚饱满，香醇温润，齿颊留香，回甘无穷。月光白属于白茶类，以云南大叶种鲜叶为原料，采用白茶的制作工艺，经萎凋、干燥精心制作而成。鲜叶采摘标准为一芽一二叶，采回的鲜叶，尽快在阴凉的架子上或者簸箕里摊薄摆放。

（一）萎凋

月光白的萎凋和干燥没有明显的界线，主要根据鲜叶含水量和气候条件灵活掌握，以室内自然萎凋和自然阴干的品质最好。从萎凋到干燥完成整个过程需要70h。萎凋时间不能少于60h，加工过程中可以通过摊叶厚度来控制萎凋时间。萎凋时间的长短对月光白品质形成有直接关系。萎凋时间过短，茶叶有青草气，滋味青涩，品质下降。萎凋时间过长，茶叶香气低，滋味淡薄。所以，加工过程中一定要把控好萎凋时间。

（二）干燥

干燥是月光白茶定色阶段，对固定品质，达到一定含水要求，提高香气有重要作用，干燥至茶叶含水量5%~6%，茶叶干燥后须立即拣剔装箱。

思考题

1. 白茶的主产区是哪里？
2. 萎凋的方法有哪些？
3. 月光白的品质特征是什么？

参考文献

［1］安徽农学院. 制茶学［M］. 北京：中国农业出版社，2014.

［2］杨建平. 不同茶树品种加工月光白的研究［J］. 蚕桑茶叶通讯，2015（6）：29.

［3］林芳，潘玉华，吴勇. 白茶萎凋温度条件探究［J］. 九江学院学报（自然科学版），2013，（2）：9-13.

［4］蔡清平. 福鼎白茶初制加工的关键技术［J］. 福建茶叶，2014（5）：33-35.

第八章 青茶加工

第一节 概 述

青茶又名乌龙茶，六大茶类之一，为我国特产，国外还处于研制阶段。乌龙茶花色品种很多，大多数以茶树品种命名，如铁观音、水仙、肉桂、黄金桂、毛蟹等。也有根据茶树生长的名岩、名种，单独采制和命名的：如大红袍、白鸡冠、铁罗汉、水金龟等。还有不同的品种混合采制，取名为"色种"或"奇种"。

乌龙茶品质特征为外形粗壮紧实，色泽砂绿油润，天然花果香浓郁，滋味醇厚耐泡，叶底呈青色红边。

乌龙茶产销概况

乌龙茶创制约在公元1825年前后，是由绿茶制法发展演变而来的，距今已有近二百年的历史了。乌龙茶的产地主要是福建、广东、台湾三省，其中福建最多，分闽南和闽北两个产区，闽南以安溪为中心，以安溪铁观音为代表，闽北以武夷山为中心的，以武夷大红袍为代表，广东主要是以饶平为主，台湾青茶生产主要在台北和新竹两地。

近年来，随着国内市场的需求提升，乌龙茶产量不断增加。据数据显示，2015年，乌龙茶类达到25.8万吨。其中，福建乌龙茶产量达到20.2万吨，占全国乌龙茶总产量的78%，较2011年增长近28.6%；广东乌龙茶产量为3.76万吨，占全国乌龙茶总产量的14.6%，较2011年增长39.2%。福建、广东两省乌龙茶产量占全国乌龙茶总产量的90%以上。伴随着产量提升，全国乌龙茶一产产值也升至115亿元。

据中国海关统计：2015年，中国乌龙茶出口1.50万吨，金额8448万美元，均价5485美元/吨，乌龙茶出口均价表现稳中有升，出口总额基本保持稳定。

第二节 青茶初制加工技术

青茶的初制工艺：

鲜叶→萎凋（晒青、凉青）→做青（碰青、摇青）→杀青→揉捻→干燥。做青是青茶特有的制作工序，是青茶品质特征形成的关键工序。

一、鲜叶

乌龙茶的鲜叶要有一定的成熟度，不能太嫩，也不能过于粗老。一般以嫩梢全部开展，形成驻芽的三四叶为最好，俗称为"开面叶"。若鲜叶太嫩，不仅滋味苦涩，而且经萎凋、做青后，叶片可能变红，做青容易出现过重，致使成茶外形出现红褐或暗青，内质香低味淡，不符合乌龙茶品质要求。若太老，则成茶外形粗大，色枯绿，味薄，香短，也不利品质。从鲜叶的物理性状看，叶质较硬、角质层较厚的鲜叶能够在做青机械力的作用下，保持叶缘损伤而叶心组织基本完好的状态，从而确保"绿心红边"的形成。角质层较厚的另一好处是鲜叶在长时间的做青过程中，不至于因失水过多过快而影响到内含物有节奏的转移和转化。

二、萎凋

可采用日光或热风萎凋。

将茶青摊于竹匾或簸箕中，摊放量应掌握在0.60～1.00kg/m²，置日光下萎凋，萎凋叶叶面温度（日晒温度）以30～40℃为宜；温度如高于40℃时宜用纱网遮蔽，以免茶青因晒伤而变成"死青"。视茶青水分消散情况，中间应轻翻2～3次，萎凋时间一般为10～20min，如阳光较弱可延长到30～40min。日光萎凋程度一般以茶青第2叶光泽消失、叶面呈波浪状、手触摸有柔软感、闻之青草味散失而略有茶香方可。

如日晒温度在28℃以下或遇雨天时，可采用热风萎凋代替日光萎凋。方法有两种，一是设置热风萎凋室，用干燥机或热风扇的热风经风管导入室内萎凋架下方（切忌热风直接吹向茶青），室内另设空气出入口，使空气对流。热风萎凋室的温度以35～38℃为宜（热风出口温度40～45℃），摊放量掌握在0.60～2.00kg/m²鲜叶，萎凋时间一般为20～50min。另一种方式是设置送风式萎凋机，将茶青均匀摊放于萎凋槽内，摊叶厚度5～10cm，热风出口温度35～38℃，风速40～80m/min，时间10～30min，中间轻翻2～3次，使萎凋均匀，雨水叶则要多翻几次，室内热风萎凋以茶青减重率8%～12%为适度。

三、摇青

茶青经日光萎凋或热风萎凋后，移入常温的萎凋室，并薄摊于萎凋帘上，摊放量掌握在0.60～1.00kg/m²，静置1～2h。待叶缘因水分蒸发而呈波状时进行第1次摇青（茶青搅拌），摇时动作宜轻，只需将鲜叶轻轻拨动翻转即可，时间约1min。若翻动过重则易使鲜叶受损，引起"包水"现象，致使成品茶色泽暗黑、汤色黄、滋味苦涩。随着摇青次数的增加，动作要逐渐加重，时间亦随之延长，而静置时间逐渐缩短；若摇青不足则成品茶香气不高，甚至有青味。一般摇青3～5次，每次摇青后静置60～120min，最后一次摇青如已至午夜，因气温降低，静置时摊叶宜厚，如初春或冬初低温期，则摇青后宜将茶青装入高60cm的竹笼中，以提高茶青温度，这有利于内含物质的转化。最后一次摇青后，静置60~180min，待青味消失而发出清香（或花香）时即可杀青。

四、炒青

可用炒锅或杀青机，锅温160~180℃或杀青机250~270℃。杀青时间随茶叶老嫩及投叶量而定，一般每锅3~5min。炒青适度的叶子，香味清纯，叶色由青绿转为暗绿，叶张皱卷，手捏柔软，略带黏性，减重率约为30%左右，即可开始趁热揉捻。

五、揉捻

初揉时，茶叶杀青出锅后，翻动2~3次使热气消失，即用揉捻机揉捻，揉捻3~5min后解块。初干跟静置时，将初揉叶解块后置于干燥机初步烘干，至叶表面无水，握之柔软有弹性不粘手（半干）时将初干叶摊于避风处静置3~5h，再进行包揉。包揉，又称团揉，将初干的茶叶先用滚筒杀青机加热回软，至叶温达60~65℃时，将1~2kg在制品装入特制的布巾或布袋中，用包揉机或手工进行快速揉搓。其间要多次复火，反复包揉，适时松包解袋，使水分慢慢消失，外形变得逐渐紧结圆润。

六、干燥

包揉结束后即用干燥机加以干燥，进口热风温度为100~105℃，摊叶厚度为2~3cm，时间为25~30min。若原料较老，为使外形紧结重实，可用二次干燥法，即先将茶叶用干燥机初烘6~10min，摊凉回潮后再用揉捻机复揉整形，然后用80~90℃的温度进行第二次干燥。

第三节　青茶名茶加工

一、铁观音

安溪铁观音产于福建省安溪县。原产地安溪县西坪乡尧阳村。主产区有感德、芦田、剑斗等。安溪铁观音制法优异，闽南青茶工艺以铁观音为代表。安溪铁观音外形卷曲沉重，似蜻蜓头、青蛙腿，身骨重实，色泽沙润亮起霜，汤色橙黄明亮，香气馥郁浓烈，胜似兰花香。滋味浓厚，回味甘爽，韵味独特，特称"音韵"。品饮时入口微感浓苦，后即回甘生津，历久余香犹存。叶底肥厚，叶缘红艳，叶柄青绿，叶面黄绿有红点，俗称"青蒂绿腹蜻蜓头"。

其加工工艺流程为：鲜叶→晒青→凉青→摇青炒青→初揉→初烘→包揉→复烘→复包揉→干燥→毛茶。就其各工序与武夷岩茶比较，安溪铁观音晒青程度较轻，摇青次数较少，每次摇青转数较多，摇后静置时间较长，特有的包揉工序是形成独特外形和品质

的重要环节，因而形成铁观音与武夷岩茶迥然不同的风格。

（一）萎凋

萎凋包括晒青、凉青两部分，初步形成铁观音的内质。

1. 晒青

晒青也称为日光萎凋，是利用光能热量使鲜叶适度失水，促进酶的活化，这对形成乌龙茶的香气和去除青草味起着重要的作用，也为摇青创造良好的条件。晒青温度要求日光柔和余射，摊叶宜均薄，必要时可"二凉二晒"，时间10～60min，其间翻拌2～3次。

晒青程度：一般晒至失去光泽，叶色转暗绿，顶叶下垂，梗弯而不断，手捏有弹性感，失重6%～9%。

2. 凉青

凉青，是晒青的补充工序。即将晒青后鲜叶1.00～1.50kg摊放在茄笠上，静置于凉青架，放在凉爽处，酌情翻动2～3次使萎凋均匀。凉青时间约1h，失水率1%左右。它的主要作用：一是散发叶面水分和叶温，使茶青"转活"保持新鲜度；二是可调节晒青时间，延缓晒青水分蒸发的速度，便于摇青的进行。凉青的程度是：嫩梗青绿饱水，叶表新鲜、无水分。

（二）做青

做青包括摇青和凉青两部分。摇青要讲究"五看"。即：一看品种摇青：厚叶多摇，薄叶轻摇。二看季节摇青：春茶气温低、湿度大，宜于重摇；夏暑茶气温高，宜轻摇；秋冬茶要求达到"三秋"即秋色、秋香、秋味，宜轻摇。要做到"春茶消，夏暑皱，秋茶水守牢"。三看气候摇青：南风天，轻摇；北风天，重摇。四看鲜叶老嫩摇青：鲜叶嫩，水分多，宜于晒足少摇；鲜叶粗老，宜于轻晒多摇。五看晒青程度：晒青轻则摇青重，晒青重则摇青轻。

看青"三步骤"（即看摇青适度）：

摸：摸鲜叶是否柔软，是否有湿手感。

看：看叶色是否由青绿变为暗绿，叶表有无出现红点。

闻：闻青气是否消退，香气是否显露。

（三）杀青

茶青在室内静置与搅拌，直至草（嗅）青味渐失，而香气微扬时，且发酵已发适中后，即可准备"杀青"（或称为炒青）。杀青就是以高温来破坏酶的活性，抑制茶叶继续发酵，以使得气味完全散失而具有半发酵茶类特有的香味，同时也因杀青时叶中水分的大量蒸散，使叶质变柔软，以利于揉捻成型及干燥的处理。而在杀青机为发明前，茶农们炒青是用手工锅炒，现代随着杀青机的产生，机械杀青逐渐代替了传统的手工杀青，极大程度地节约了劳动成本，其杀青温度在250～300℃，可以随意调整，温度也较易控制，但仍需要相当的经验。

（四）揉、焙

揉与焙是乌龙茶初制的塑型阶段。整个阶段分为三揉三焙六个工序，揉与焙是反复相间进行的，各个工序互相联系、互相制约。其程序为揉捻→初烘→初包揉→复烘→复包揉（定型）→干燥。

1. 揉捻

揉捻是乌龙茶初制的塑型工序，主要改变茶叶的形状。通过揉捻形成紧结弯曲的外形，并对内质改善也有所影响。揉捻应掌握"热揉、适当重压、快速、短时"的原则。

2. 初烘

初烘方法是将揉捻叶均匀疏松地摊放在焙笼中烘焙，每笼0.75~1.00kg，摊放厚度3cm左右，火温90~100℃。初烘根据火候和揉捻叶含水量，10~20min完成，中间翻拌2~3次，采用烘干机要求火温较高，初烘时进风口温度为100~140℃；使用焙笼烘焙时揉捻叶下层叶略干、上层叶尚湿润，就须翻拌。初烘程度，还应注意茶叶品种和嫩度：嫩叶柔软性和可塑性较大，初烘可重些，老叶含水量较少，纤维素老化，比较不易软化，可塑性小，初烘则要轻些。

3. 初包揉

包揉运用"揉、搓、压、抓"等动作，作用于茶坯，使茶条形成紧结、弯曲螺旋状外形，通过初包揉可进一步摩擦叶细胞，挤出茶汁，黏附在叶表面上，加强非酶性氧化，增浓茶汤。

4. 复烘

手工复烘火温度比初烘低，约70℃，每个焙笼摊叶量0.75~1.00kg，厚度3cm，时间10~15min。复烘作用是均匀加热茶坯，散发少量水分。复烘程度应掌握以手摸茶条微感刺手为适度，约七成干，茶坯含水量为27%~30%，失水率为10%~12%。如果拟二次复包揉，复烘程度应更轻些，复烘须做到快速、适温，否则，成茶色泽枯燥无光泽，条索断碎，粉末增加。

5. 复包揉

复包揉是初包揉的继续，使条索进一步紧弯曲和固定条型。复包揉基本上采用布巾包揉，方法与初包揉相同，但包叶量可适当多一点，每巾0.75~1.00kg，揉到条形符合规格要求，如果原料粗嫩不一，复包揉后条索紧结、弯曲不一致的应进行筛分，视情况分别进行第三次复烘、火温60~65℃，烘热后再进行第三次包揉。复包揉继续把茶叶细胞中的茶汁挤出，附着叶表使色泽乌亮油润，经热化作用使物质转化而改善茶汤。因茶坯含水量低，复包揉结束后，可紧捆茶布巾，静置30~60min，固定已塑成的外形。

6. 干燥

干燥的方法应采用"低温慢烤"，分二次进行。第一次干燥茶农称为"走水烘"，火温60℃左右，每笼4个压扁的复包揉茶团（1.50~2.00kg），烘至茶团略自然松开，充分烘透茶层，再以压搓方法，把茶团解成散茶，继续烘焙。这一过程要求烘至"水味重"，茶叶气味清纯。第一次烘焙，约八至九成干，下烘摊放，使梗叶不同部位剩余水分重新分布，摊凉1h左右，进行第二次烘焙。第二次烘焙称为"烤焙"，即去掉剩余的

水分，达到乌龙茶含水量4%～6%要求。烤焙火温略低，50～60℃，每笼投叶量2kg左右，时间0.50～1.00h，其间翻拌2～3次，焙至茶梗手折断脆，手搓茶叶成粉末，气味清纯。干燥过程中失水率为10%～14%。

二、大红袍

大红袍是武夷山岩茶的一个种类，被誉为武夷岩茶之王，为历代贡品。大红袍系武夷岩茶品种中的优秀单株。茶树品种属于迟芽种，在武夷山茶区品种搭配上非常适合。该品种的持嫩性特强，制优率也高。其品质外形条索紧结，色泽绿褐鲜润，冲泡后汤色橙黄明亮，叶片红绿相间，有典型的绿叶红镶边之美；香气馥郁，有桂花香，香浓而持久；滋味醇厚，口感细腻顺滑，岩韵明显，余味宛如幽谷兰草，清雅绝俗，耐冲泡。

大红袍传统制作工艺：鲜叶（中开面采三四叶）→萎凋（晒青、晾青、二晒二晾或加温萎凋）→做青（摇青、做手）→杀青→初揉→炒熟→复揉→水焙（毛火）→扇簸→凉索→毛拣→足火→（团包）→炖火→毛茶。

（一）鲜叶采摘

采摘标准是待新梢生育均臻成熟，呈驻芽（俗称中开面或小开面，即第一叶伸平而第一叶面积小于第二叶）采三、四叶及对夹叶。如果采摘过嫩，条索瘦小，色泽红褐，灰暗，香低味苦涩，品质差；如果采摘过于粗老，纤维素老化，果胶物质少，条索粗松，色泽枯燥，香味必然粗淡，所以采摘过嫩过老的鲜叶原料均不能制造出品质好的大红袍。

（二）萎凋（晒青、晾青，二晒二晾或加温萎凋）

1. 晒青（日光萎凋）

晒青是传统和目前采用最广泛的方法：将鲜叶薄匀地摊放在水筛上，平排置于晒青架上，让鲜叶均匀地接受日光作用，用光能和热能在较短时间内完成萎凋过程，其间轻翻一次，两筛并一筛，使晒青更加均匀，操作时手势要轻、细致，不损伤叶子，否则叶子先期发酵，产生"死青"。晒青不仅是蒸发部分水分，更重要的是引起一系列的化学变化。

晒青场所要通风，日光需斜射。晒青时间长短依鲜叶含水量、日光强弱、气候环境不同而异。一般在气温30℃需晒30min左右，24℃要60min左右，待鲜叶呈轻萎凋状态，失去光泽，叶质柔软，青草气大减，发出特有香气，减重率在10%～15%为晒青适度。

2. 晾青

晒青后的叶子，随即进行晾青，在通风阴凉的环境里散失叶子内的热量，继续较缓慢的萎凋，约30min，即可移进做青间做青。

3. 二晒二晾

在烈日下不宜进行晒青，必要时采用"二晒二晾"的办法，即晒青后经过第一次晾青，再进行第二次晒青和第二次晾青，以达到晒青适度，一般在下午3点钟后进行。

4. 加温萎凋

阴雨天或傍晚采回来的鲜叶，只好采用室内加温萎凋，方法有二：一是焙楼，利用焙间上层小木条铺设楼面后加有孔竹席，摊叶2.00~2.50kg/m²，温度不超过38℃，时间1.50~2.50h，中间翻青1~2次；二是使用萎凋槽，用鼓风机送入热风，温度40~45℃，摊叶8~10kg/m²，时间1.00~1.50h，中间翻拌一二次，即可完成萎凋。

（三）做青

传统做青法是以水筛为工具，在较密闭的做青间做青，室温掌握在22~50℃，相对湿度保持80%~90%。如果温度低于200℃，就要加火盆，提高温度，否则难达发酵程度；温度太高，发酵变化太快，于成茶品质不利。湿度太大，萎凋进展受影响，发酵也受限制；湿度太低，萎凋太快，容易"死青"，成茶带青味，叶底暗绿。

（四）杀青、初揉、炒熟，复揉（俗称"二炒二揉"，炒揉交叉进行）

做青适度的叶子要及时杀青，以钝化酶的活性，固定已有的品质，并进一步发展香气和为初揉创造成条的条件。杀青要求高温（240℃以上），快速（1.50~2.50min）以闷为主，闷透结合的杀青方法。杀青适度的叶子柔软粘手，发出清香，没有青草气，减重率达45%~50%。

杀青后的叶子要趁热初揉、快速、短时，以重为主，轻重结合的揉捻方法。初揉时间2~3min，解块后进行炒熟，炒熟不仅能补杀青不足，加热便于复揉，更有利于外溢茶汁焦糖化进行，产生良好的香气滋味。炒熟的温度比杀青温度低，在锅内迅速低翻炒15~25s，叶子烫热，即可出锅进行复揉，方法与初揉一样：趁热、快速、重揉，促使茶汁溢出，条形更加紧结。

（五）水焙（毛火）

炒揉完成后的叶子马上进行水焙（毛火），目的是起继续杀青的作用，固定品质和促进优良香味的形成。所以水焙（毛火）温度要高（110℃以上），薄摊（每个烘笼摊叶0.80kg左右）、短时（烘5~6min后即翻拌，再移到95℃左右烘窟上烘焙7~8min达7~8成干，就可下烘）。

（六）扇簸、凉索、毛拣

水焙（毛火）后的叶子要经过扇簸（簸扬出去的黄片、轻片、碎末另外焙制成"焙茶"），然后薄摊在水筛上，放在晾青架上晾青6~8h，让其非酶性氧化的后熟作用缓慢进行。经过较长时间凉索后开始毛拣，拣去未扇簸干净的黄片，轻片，茶梗（茶梗另外焙制），叫"茶头"，由于经过扇簸、毛拣这些工序，使毛茶加工过程大大简化。

（七）足火、团包、炖火

足火、团包、炖火，在技术上要采取低温慢焙（温度逐渐降低），促使茶叶香味慢慢合成，并把品质固定下来，便于保存。

足火温度90℃以下，摊叶厚2~3cm，15min后翻拌一次，再移到火温75℃左右烘窟上烘25~30min，第二次翻拌，再移到火温60℃左右烘窟上烘至足干（时间2~3h，中间翻拌2~3次），叶子可碾成粉末下焙，进行"团包"。

所谓"团包"，就是烘笼底垫一层"种纸"，足干茶叶摊放在"种纸"上，以免火温直接与茶叶接触，在温度60℃以下烘焙1~2h后，用"种纸"包装好茶叶，叫"团包"。将"团包"好的茶叶放在烘笼上，于火温55℃左右的焙窟上继续烘焙，叫"炖火"。这种处理，又称"吃火"或"焙火功"，使茶叶继续在热处理的作用下，充分合成品质，又防止了香气散失，烘至有火香为止（时间0.50~1.00h）即成毛茶。

毛茶加工：在加工前先行审评，分级、分等归堆，根据各成品茶的品质要求和火候标准，进行筛分、拣剔、拼配、匀堆、烘焙、装箱，即成精茶。

三、凤凰单枞

凤凰单枞是广东乌龙茶的珍品，原产于广东省汕头地区潮安区乌岽山，属高山茶，系选拔优异的凤凰水仙单株，分株加工而成。因香型与滋味差异，单枞有"黄枝香""芝兰香""桃仁香""玉桂香""通天香"等多种品名。凤凰单枞茶具有外形条索紧结充实、色泽乌褐润泽、自然花香清高细锐持久、汤色金黄明亮、滋味醇厚爽适、回甘力强、耐冲泡的特点。凤凰茶富含各种人体所需的微量元素，能提神醒脑、助消化、增强人体的免疫力。

凤凰单枞一般为手工采制，十分精细。采摘要求严格，茶农有三不采的规定，即太阳过大不采，清晨不采，下雨天不采。一般在午后2时开始采茶，下午4时至5时结束，立即晒青，当天制完。其初制加工工艺为：鲜叶→晒青→晾青→做青→炒青→揉捻→毛火→足火→毛茶。

（一）晒青

晒青于下午4时进行。晒青用水筛，篾制，直径约116cm，边高4cm，筛孔约0.66cm见方，每筛摊鲜叶0.50kg，置室外晒青时各枞别鲜叶严格分开，不得混杂。

晒青时间长短由鲜叶含水量和阳光强弱而定，在气温20~24℃条件下，历时20~30min，若气温达28~33℃时，则只需晒10~15min。晒青时叶子不得翻动，以防机械损伤而造成青叶变红。当叶面失去光泽，叶色转暗绿、叶质柔软，顶叶下垂，略有芳香时，即为晒青适度，鲜叶失水率约10%左右。

（二）晾青

晒青后水筛移入室内晾青架上，让晒青叶散热，减缓水分蒸发速度，使梗叶水分重新分布，历时20~40min。晒青后，叶子逐渐恢复紧张，呈"还阳"状态，此时进行并筛。将2~3筛晾青叶并为一筛，轻翻动后，堆成浅"凹"形，移入做青间，按枞别顺序排列，准备做青。

（三）做青

做青也称"碰青"，俗称"浪茶"，是形成乌龙茶色、香、味的关键，也是半发酵和半萎凋（即轻发酵和轻萎凋）的综合过程。

碰青的空气适宜温度一般为18℃~20℃，适宜的相对湿度一般为75%。碰青时间从晚上6：00~7：00开始，直到第二天天亮，历时需10~12h；约隔2h碰一次，全过程需碰青5~6次；每次适度碰青约2min。碰青包括碰青、摇青与静置反复交替的过程。这个过程慢不宜快，谨防发酵不足或发酵过度。若叶片出现"叶缘二分红，叶腹八分绿"（俗称红边绿腹），叶脉透明，叶形呈当汤匙状，香气久存，这便是碰青适度的标准。碰青的作用：使茎脉及叶片组织中的各种有效物质成分得以充分利用和发挥。是凤凰单枞茶初制中最复杂、细致之工序。

（四）杀青

凤凰单枞采用两炒两揉。手工杀青用平锅或斜锅，锅径72~76cm，锅温140~160℃，每锅叶1.50~2.00kg，手炒时用"先闷、中扬、后闷"的炒法，先迅速提高叶温，促进水分蒸发，再炒熟炒透，提高香气，中期扬炒，散发水汽，防止闷黄，后期闷炒，控制水分蒸发，达到杀匀、杀透、杀适度的目的，历时5~8min。杀青适度，叶香味清纯，叶色由青绿转黄绿，叶片皱卷柔软，手握略带黏感，含水率60%~65%。杀青后稍透散水分，便可揉捻。

（五）揉捻

凤凰单枞数量极少，一般手工杀青，手工揉捻，也有配以专用小型揉捻机。手工揉捻每次揉炒青叶1.00kg，以手掌能握住为度。揉5min后复炒，复炒锅温较低，80~100℃。揉叶下锅后复炒，复炒锅温较低，80~100℃。揉叶下锅后，慢慢翻炒，约3min，使叶受热柔软，黏性增加，利于复揉时紧结条索。起锅后立即复揉，至条索紧卷，茶汁渗出，叶细胞损伤率30%~40%为度。揉时用力先轻后重，中间适当解块，避免茶团因高温高湿而产生闷味。揉后及时上烘，切忌堆积过久，否则成茶汤色暗红浑浊，滋味闷浊欠爽。

（六）干燥

凤凰单枞采用手工烘焙干燥。分初焙、摊凉、复焙三个步骤，烘温先高后低。

初烘用烘笼，每笼摊放揉叶0.50kg，烘温80~90℃，每2~3min翻拌一次，约10min可达五成干。倾出置筏匾上摊凉，至凉透时，梗叶水分分布均匀。

复焙每笼投初烘叶1.50~2.00kg，烘温50~60℃，复焙后期用干净的篾匾盖于焙笼上，防止香气散失。烘至足干，约需3h。毛茶含水率6%。

四、冻顶乌龙

冻顶乌龙茶原产于台湾省南投县鹿谷乡的彰雅村，原以冻顶山上种植的"青心乌龙"为原料，按福建安溪铁观音茶的制造方法加工而成。冻顶乌龙茶，外形条索紧结弯曲，色泽墨绿鲜艳，带蛙皮白点，干茶芳香强劲，具浓郁蜜糖香。汤色橙黄，香气清芳，似桂花香。滋味醇厚甘润，回甘力强，耐冲泡。叶底淡绿红边。

冻顶乌龙加工工艺：鲜叶→日光萎凋（热风萎凋）→室内萎凋→做青→杀青→揉捻→初干→布揉→干燥→毛茶。

（一）日光萎凋或热风萎凋

将茶青置30~35℃阳光下日晒10~20min，翻拌1~3次，使萎凋叶走水均匀，以加速茶青水分的蒸散，减少细胞水分含量使细胞膜的半透性消失，各种化学成分在酶的作用下发生生化反应。在此过程中，茶青重量减少8%~12%。

热风萎凋是在天气不良的阴雨天或气温低于20℃时采用。热风温度为35~38℃为宜，萎凋20~50min，其间轻翻茶青2~4次，使茶青水分均匀散失，达到适度萎凋。

（二）做青

先将茶青摊放于圆筛上静置（摊叶厚度0.40~0.60kg/m²）1~2h，茶青发出清香时，轻翻3~4次，且动作宜轻。再经1~2h第二次摇青翻动6~8次，使水分均匀蒸散。第三次摇青程度加重，翻动12~16次，时间3~5min，并将茶青摊叶量加厚，再静置1~2h至茶青清香气较强时进行摇青，摇青次数24~32次，时间8~12min。通过摇青静置使茶青原来的青草味渐退，出现特有的清香，表明发酵适度，静置90~180min后即可杀青。

（三）杀青

杀青使茶青萎凋和发酵作用停止，急速破坏酶的活性。杀青采用圆筒杀青机，温度250~300℃，时间5~7min，此时茶青原有的青草味随水蒸气散发而消失，产生一种悦人的茶叶香气，手握茶青感到柔软，有黏性且揉之不出水，没有刺手感即为适度。

（四）揉捻

将茶青叶投入揉捻机中进行揉捻，使茶叶成条，并破坏部分叶细胞，使茶汁流出附于茶叶表面。揉捻时间为5~10min，较粗大的茶叶先揉捻6~7min，稍予放松解块散失热气后，再揉3~4min。

（五）初干

干燥前先将揉捻的茶叶解块，以利于均匀干燥，同时使水气和热气散失，防止茶叶红变。干燥可采用温度100~105℃、10~15min和105~110℃、10~20min两种。干燥后的茶叶以手握有刺手感，放手后即松离，不成块为宜，此时茶叶含水量为30%～35%。初干的目的是利用高温破坏残留在揉捻叶中的酶，使其停止发酵作用，并使茶叶体积缩小，改善茶叶的香气和滋味。

（六）布揉或团揉

布揉采用特制长形圆底布袋，将初干后的茶叶投入杀青机内杀热回软（叶中温度约60℃），然后装入布袋中，每个布袋装茶2.20～2.50kg，将布袋反扣投入布球型揉捻机中揉捻三次，每次揉捻时间为5、10、15min不等，每次揉完均需将揉团重新结紧。三次揉捻将茶叶倒出稍予以解块，再放入杀青机内杀热（复火）装袋，再揉三次，使茶条紧结似佛手状即可干燥。

（七）干燥

干燥可采用干燥机和焙笼烘干两种方法，干燥机烘干温度为100～105℃，时间25～30min（或85～95℃，时间40～50min），焙笼初干温度105～110℃，时间3～8min，再干温度85～95℃，时间40～60min。

（八）精制与焙火（再火）

自茶树采摘下来的茶叶，经过日光萎凋、做青、杀青、揉捻、初干、布揉最后的干燥，所得产品称为"粗制茶"，需经过拣梗、整形筛分等精制手续，再干燥分级包装，销售给消费者。

思考题

1. 青茶加工的基本流程是什么？
2. 青茶加工中关键步骤是什么？
3. 简要叙述青茶的精制流程。

参考文献

［1］陈椽,陈以义,胡建程,等. 制茶学. 北京：中国农业出版社,1989, 5.

［2］王文宗,李春玲,陈诗玲. 武夷岩茶（大红袍）传统制作工艺技术. 中国茶叶加工,2009（2）：38–39.

［3］黄学敏. 乌龙茶加工技术. 药材烟茶,2009, 16.

［4］何宗能. 凤凰单丛茶加工技术. 中国园艺文摘,2014, 4.

［5］冻顶茶加工方法简介. 茶叶科学简报,1991, 131（2）.

［6］刘宝顺,潘玉华. 纯种大红袍加工技术. 福建茶业,2014, 5.

［7］林慧峰,王丽滨,沈萍萍. 传统浓香型铁观音加工工艺. 中国茶叶,2014, 10.

［8］陈晓栋,黄秋水. 安溪铁观音的传统加工工艺及要点. 福建茶业,2009, 2.

［9］郑鹏程. 安徽乌龙茶加工工艺研究. 安徽农业大学,2009.

第九章 普洱茶加工

根据国家标准GB/T 22111-2008《地理标志产品普洱茶》可知，普洱茶是云南特有的地理标志产品，是以符合普洱茶产地环境条件的云南大叶种晒青茶为原料，按特定的加工工艺生产，具有独特品质特征的茶叶。普洱茶分为普洱茶（生茶）和普洱茶（熟茶）两大类型。

第一节 概 述

一、国内产销概况

自20世纪90年代国内普洱茶产业正式启动后，普洱茶产量、价格在经历了长达15年的持续攀升后，至2007年中期，价格泡沫破裂，产业大幅滑坡；普洱茶产业经过2008、2009两年的底部盘整，于2009年底重拾势，连续数年保持量价齐增，至2014年云南普洱茶产量再创历史新高。2014年，普洱茶总产量11.4万吨，增产1.84万吨。

普洱茶种植区域分布在云南省的11个州市，75个县，639个乡镇，主要产茶区为：普洱市、临沧市、西双版纳州、保山市以及德宏州等。据数据显示：截止目前，2016年云南省普洱茶产量13万吨，同比增长4%。其产量占云南省茶叶总产量的34.60%，在云南整个茶产业中仅次于绿茶，成为云南省茶叶销售量的第二。相比前几年普洱茶市场情况，普洱茶的发展有所放缓。

据2017年全国茶叶公共品牌价值榜揭晓显示，云南省"普洱茶"品牌价值评价达60亿元，同比增加2.91亿元，增幅5.09%，首次跃居全国第一位，被评为"品牌价值前十的品牌"以及"最具品牌带动力的品牌"；2016年中国地理标志产品区域品牌类价值评价，以品牌价值评价信息发布会发布，云南省普洱、临沧、西双版纳三地"普洱茶"地理标志产品核心产区品牌价值评价达612.73亿元，占据此类品牌价值排行榜第6位。

二、出口销售概况

据我国海关统计，2014年1～12月，我国普洱茶出口量额齐跌：出口量为3385吨，成交金额3915万美元，同比分别下降24.99%和9.63%。多个普洱茶主销市场大幅下降，其中以日本、韩国最为明显。2014年普洱茶对日出口41.66吨，金额170万美元，分别降低35.72%和36.36%；对韩出口6.11万吨，金额162万美元，分别下降了45.79%和39.68%。与此同时，普洱茶出口均价上涨为11.56，同比上涨20.50%。茶叶出口量减少

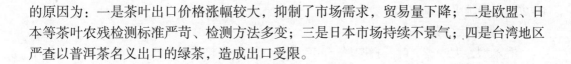

的原因为：一是茶叶出口价格涨幅较大，抑制了市场需求，贸易量下降；二是欧盟、日本等茶叶农残检测标准严苛、检测方法多变；三是日本市场持续不景气；四是台湾地区严查以普洱茶名义出口的绿茶，造成出口受限。

第二节　普洱茶（原料）的加工

一、产地分布

从普洱茶的发展来看，如果把以古六大茶山作为普洱茶原产地中心来认识，1973年以后，产地扩大到昆明、大理、临沧、红河、德宏等地。在发展普洱茶中，昆明、宜良、大理、下关、南涧、临沧、凤庆、云县、镇康、耿马、沧源、保山、芒市、梁河、元江、绿春、金平、思茅、景谷、景东、镇源、普洱、澜沧、江城、孟连、勐海、景洪、勐腊等县（市）已成为云南普洱茶的重要生产地。

2006年对云南普洱茶的原产地区域保护在地理范围有了新的界定：普洱茶生产区域又扩展到思茅、西双版纳、临沧、昆明、玉溪、楚雄、大理、保山、德宏、文山、红河等州（市）。DB53/T171-2006普洱茶产地环境条件中明确指出："普洱茶产地范围在云南省北纬21°08′~25°43′，东经97°30′~105°38′的区域；海拔800~2300m，年均气温15℃，极端最低气温-6℃，活动积温4600℃以上，降雨量800mm左右；区域的扩大及确定为云南的普洱茶走入国际市场有了统一定位。"

二、适制品种

研究表明，茶树品种中内含基质茶多酚、氨基酸等重要化合物含量越高，越有利于优质普洱茶产品的形成，且以芽叶外观芽体肥壮多茸毛者为上品。适合加工生产普洱茶的鲜叶品种主要有以下几种：

1. 勐海大叶茶

乔木型，大叶类，芽叶肥壮，黄绿色，茸毛多，叶长椭圆形，叶长16cm，宽9.50cm左右，叶着生状态稍上斜，叶色绿，叶肉厚而软，叶面隆起、革质。春芽一芽二叶含氨基酸2.30%，茶多酚32.80%，儿茶素总量18.20%，咖啡因4.10%。

2. 易武绿芽茶

乔木型，大叶类，芽叶较肥壮，绿带微紫色，茸毛多。春芽一芽二叶含氨基酸2.90%，茶多酚31.00%，儿茶素总量24.80%，咖啡因5.10%。

3. 元江糯茶

叶椭圆形，叶长18cm，宽8cm左右，叶着生状态稍上斜，叶尖钝尖；叶色黄绿，叶肉厚而软，叶缘平，锯齿粗而浅，主脉黄色明显；具革质，单叶对生。小乔木，大叶类，芽叶肥壮，育芽力强。黄绿色，茸毛特多。春茶一芽二叶含氨基酸3.40%，茶多酚

33.20%，咖啡因4.90%。

4. 景谷大白茶

乔木型，大叶类，叶长椭圆形，叶色黄绿，叶面隆起，叶肉厚，叶质较软，叶缘平直，叶脉有茸毛，叶脉11对左右。芽粗壮，黄绿色，茸毛特多，闪白色银光。春茶一芽二叶含氨基酸3.80%，茶多酚29.90%，儿茶素总量15.30%，咖啡因5.20%。

5. 云抗10号

乔木型，大叶类，芽叶肥壮，黄绿色，茸毛特多，育芽力强而密。叶椭圆形，叶长13cm，宽5cm左右，叶色黄绿，叶脉明显9~11对，叶肉稍厚，叶质较软，叶面隆起，稍内卷，叶缘微波，锯齿粗浅，叶尖急尖。叶着生较平。春茶一芽二叶含氨基酸3.20%，茶多酚35.00%，儿茶素总量13.60%，咖啡因4.50%。

6. 云抗14号

乔木型，大叶类，芽叶肥壮，黄绿色，茸毛特多，春芽一芽二叶含氨基酸4.10%，茶多酚36.10%，儿茶素总量14.60%，咖啡因4.50%。

7. 云选9号

乔木型大叶类，芽叶肥壮，黄绿色，茸毛特多，春芽一芽二叶含氨基酸2.90%，茶多酚38.20%，儿茶素总量16.10%，咖啡因4.80%。

8. 双江勐库大叶种

乔木型大叶类，叶色绿色，密披茸毛，叶长椭圆形，叶长17cm，宽8.50cm左右，叶着生状态稍上斜，叶尖急尖；叶色深，叶肉厚而软，革质，叶缘平，锯齿密而浅，主脉明显。育芽力强，发芽早，易采摘。一芽二叶含氨基酸1.66%，茶多酚33.76%，儿茶素总量182.16mg/g，水浸出物48.00%，咖啡因4.06%。

9. 凤庆大叶种

乔木型大叶类，叶长椭圆形，叶长13.50cm，宽5.50cm，叶着生状态稍水平，叶尖渐尖；叶质柔软，叶缘平，叶色绿，锯齿稀而浅，叶脉8~10对。芽头绿色肥壮，茸毛多。一芽二叶含氨基酸2.90%，茶多酚30.19%，儿茶素总量134.19mg/g，水浸出物45.83%，咖啡因3.56%。

三、鲜叶分级

根据云南大叶种茶树生长特性和普洱茶原料加工的要求进行合理采摘。鲜叶应采自符合普洱茶产地环境条件的茶园，应新鲜、匀净，无其他植物和杂物，并符合DB53/T1726-2006的要求。鲜叶分级指标见下表。

表9-1 鲜叶分级指标

级别	芽叶比例
特级	一芽一叶占70%，一芽二叶占30%
一级	一芽二叶占70%，同等嫩度其他芽叶占30%
二级	一芽二三叶占60%，同等嫩度其他芽叶占40%

续表9-1

级别	芽叶比例
三级	一芽二三叶占50%，同等嫩度其他芽叶占50%
四级	一芽三四叶占50%，同等嫩度其他芽叶占50%
五级	一芽三四叶占70%，同等嫩度其他芽叶占30%

四、加工工艺

普洱茶原料的加工工艺主要为：鲜叶→摊晾→杀青→揉捻→解块→日光干燥等工序。经加工而成的普洱茶原料具有条索紧结，色泽墨绿或褐绿，汤色橙黄明亮，有日晒气味的特征。

（一）摊晾

一般摊放厚度以15～20cm为度。鲜叶摊放程度，观察鲜叶呈碧绿色有墨绿之感，叶片柔软即可，失重率可达20%～25%，以使杀青工序顺利进行和提高内质。在大叶种鲜叶摊放过程中，尽量少翻动，最好不翻动，最多小心翻动1～2次，因为大叶种叶质柔软，翻动很容易碰伤叶子，引起红变。

（二）杀青

杀青的方法分锅炒杀青和蒸笼杀青两种：

1. 锅炒杀青

杀青的锅温掌握在240～300℃，根据鲜叶原料老嫩程度的不同，掌握投茶量。一般春秋叶投茶量多些，夏茶头茶量少些。鲜叶下锅后先用手翻炒，至叶温升高烫手时，改为右手持炒茶叉，左手持草把，自右至左连续翻炒，使叶子全部受热，再用双手执持木叉自前向后连续翻转闷炒，使生熟均匀，待"劈啪"声稍止，再将叶子向上掀散抖炒，使叶子水分散发，如此反复进行两三次，每次8～10叉。杀青时间：一、二级鲜叶4～5min，三、四级鲜叶6～7min。以杀青叶色变为青绿色，手捏成团，叶不焦边，香气清香即为杀青适度。用草把将茶叶扫出，趁热揉捻。

2. 蒸笼杀青

手工生产是将鲜叶薄摊在蒸笼内用蒸汽蒸；工业化大生产则采用蒸汽锅炉产生的热蒸汽，通过蒸青机来进行杀青处理。茶叶在蒸青时必须掌握恰当。蒸青必须蒸透，但蒸青过度和蒸青不足一样，都会给茶叶品质带来不利的影响。蒸青适度的茶叶，叶色青绿，底面色泽一致，清甘香味，无青草气。叶色柔软而有粘手感，梗折不断；蒸青过度，叶片褐黄，香气低闷，缺乏清香；蒸青不足，叶背有白点，梗茎易折断，挤出的叶汁有青臭气。对于蒸青时间的长短，应视原料老嫩、水分多少和品种而定。凡是含水量高的，热传导良好。故细嫩、水分多的叶子，施肥量多的叶子，蒸的时间可以短些；

含水分少和较硬的老叶，时间要延长些。夏秋茶涩味重，水分少，应充分地蒸，以减少涩味。一般在15~45秒。时间的长短是用调节蒸桶的倾斜度来控制。蒸青使用的温度98~100℃。

（三）揉捻

普洱茶原料加工时根据鲜叶老嫩的不同，较粗老鲜叶揉捻时必须采取轻压，揉机转速要慢，揉捻时间不宜长，否则将会产生叶肉和叶脉分离形成"丝瓜络"，梗皮脱落形成脱皮梗。生产实践中掌握揉捻时间的长短和加压的轻重，应视茶叶老嫩和揉捻机的转速而定，一般是一、二级茶初揉时先轻揉5min，再加压5min，然后松压轻揉5min左右；三、四级茶因叶子较老，加压也应较轻，揉捻时间可缩短到10min左右。后发酵茶上机复揉时加压不宜重，复揉时间一般是一、二级茶揉5~7min，三、四级茶约揉10min。要求达到一、二级条索紧卷，三级茶泥鳅茶多，四级茶起皱褶。复揉后的茶坯不宜摊放过久，如不能及时干燥，要经常翻拌透气散热。

（四）解块

在解散团块的同时，会抖松条索，影响条索紧度。因此，不需解散团块的就不要解块；细嫩叶体积小，投叶量可多些；粗老叶体积大，叶量应少些。细嫩叶子，采取一次揉捻；较老叶子，可分二次揉捻，中间解块一次。一、二级杀青叶，一般采取一次揉捻，揉捻后解块筛分。三级或老嫩不匀的杀青叶，应分两次揉捻。中间解块筛分一次，头子再进行复揉。解块筛分的筛网配置。上段为4孔／25.40mm；下段为3孔／25.40mm。操作时，上叶要均匀，筛底叶继续下一步加工，粗头可再揉捻一次，以使茶条更加紧结。

（五）干燥

普洱茶原料加工的干燥主要是通过日光干燥。加工后的普洱茶原料含水量在10%左右，就可以经过较长时间的保存，同时还能让其向着普洱茶品质形成的方向发展。但是如果普洱茶原料含水量过高，茶叶内部化学反应过度，微生物生长过快，茶叶就会很快发生过度霉变，对下一步加工不利。

用洁净的摊笆，将揉捻叶薄摊在摊笆上，在强烈日光下晒30~40min，移至荫凉处摊放10~15min，再晒一二次至足干。为使茶条紧结，中途可复揉一次。普洱茶原料的干燥因时间长，受自然条件影响较大，在阴雨天，只有用各家的厨房锅灶的余热烘干，有的甚至是晾干，这样干燥的茶叶品质较差。总的来说，普洱茶原料的干燥成本低，但应注意摊晒时的卫生，不能混入其他非茶类夹杂物。普洱茶原料加工厂应有能满足加工要求的专用晒场。晒场可用水泥、地板砖、竹木、不锈钢等材料建成，应光洁无污垢，并配备冲洗设施，使用前、后要及时冲洗干净。

第三节　普洱茶（生茶）的加工

普洱茶（生茶）是以普洱茶原料，经蒸压成型工艺制成的紧压茶。其品质特征为：外形色泽墨绿、香气清纯持久、滋味浓厚回甘、汤色绿黄清亮、叶底肥厚黄绿。普洱茶（生茶）的毛茶来自云南省各地茶区，主要集中在大理、西双版纳和昆明等地生产，产品有紧茶、七子饼茶、方茶、圆茶、沱茶等花色品种，主要内销、侨销和边销，也有少部分外销。

一、成品规格

表9-2　普洱茶（生茶）成品形状、规格和感官特点

成品名称	净重（克）	形状、规格	色泽	香气	滋味	汤色	叶底嫩度
沱茶（个）	100	碗臼状，口直径8.8cm，高4.8cm	乌润、白毫显	纯浓	浓厚	黄明	嫩匀尚亮
饼茶（个）	125	圆饼形，直径11.8cm，边厚1.8cm	尚乌、有白毫	纯和	醇正	橙黄	尚嫩欠匀
方茶（个）	125	正方块10cm×10cm×2.20cm	尚乌、有白毫	纯和	醇正	橙黄	尚嫩欠匀
青砖（个）	500	长方块，14cm×9cm×2.20cm	尚乌、有白毫	纯正	醇正	橙黄	尚嫩欠匀

表9-3　普洱茶（生茶）成品重量与出厂成分检验标准

项目品名	重量（kg） 每块	每件	水分% ≤	灰分% ≤	含梗%	杂质% ≤
紧茶	0.850	30.00	13.00	7.50	5～12	1.00
饼茶	0.125	37.50	12.50	7.50	6.00	1.00
方茶	0.125	37.50	12.50	7.50	6.00	1.00
圆茶	0.357	30.00	11.00	7.50	4～6	0.50

表9-4　普洱茶（生茶）成品形状与品质要求

项目品名	形状	规格	色泽	香气	滋味	汤色	叶底
紧茶	砖形	14cm×9cm×2cm	乌润	醇正	醇和尚厚	黄红	粗嫩不匀
饼茶	饼形	直径11.6cm，边厚1.30cm，中厚1.60cm	灰黄	醇正	浓厚微涩	黄明	花杂细碎
方茶	正方形	10cm×10cm×2.20cm	灰黄	纯正	浓厚微涩	黄明	花杂细碎
圆茶	圆饼形	直径20cm，边厚1.30cm，中厚2.50cm	乌润	纯正	醇和尚陈	橙黄	尚匀

表9-5　普洱茶（生茶）包装规格

品名	单位净重/kg	每筒个数	每件筒数	每件净重/kg	包装规格
紧茶	0.250	5	30	30.00	每5个为一筒，用牛皮纸袋装，底线扎，24筒为一件，用篾箩盛装
饼茶	0.125	4	75	37.50	每4个为一筒，用商标纸包，底线扎，75筒为一件，用篾箩盛装
方茶	0.125	4	75	37.50	每4个为一筒，用商标纸包，底线扎，75筒为一件
圆茶	0.375	7	12	30.00	每圆茶用棉纸装，每筒7圆，用牛皮纸袋装，12筒合装一箱

二、加工工艺

云南普洱茶（生茶），因消费者饮用习惯的不同，对普洱茶（生茶）的花色品种有着不同的要求，从而对普洱茶原料嫩度要求不一。边销普洱茶（生茶）较粗老，并允许有一定的含梗量；内销、侨销和外销的普洱方茶，以较细嫩的普洱茶原料做主要原料。普洱茶（生茶）的加工，先把加工好的普洱茶原料经拼配、筛分，形成半成品，再按茶叶品质的要求拼配、蒸茶压制、烘房干燥和检验包装即成。

（一）原料拼配

原料进厂后，对照收购标准样复评验收，按验收等级归堆入仓，级内分10堆，级外共11个堆。同时，检测含水量，如1~8级，含水分9%~12%即可入仓。付制前，各种普洱茶（生茶），须按不同原料拼配比例取料。原料拼配应根据成品规格的要求，保证内质，如某一毛茶短缺，除以上、下级进行适当调剂搭配外，规定的拼配比例不得轻易变动，以免影响成品茶的品质。

（二）筛分切细

筛分，除沱茶比较细致外，其余均较简单，但必须分出盖面（又称洒面茶）、底茶（又称里茶或包心茶），剔除杂物。茶厂一般采取按产品单级付制、单级收回。筛分实行联机作业，各级各堆的普洱茶（生茶）原料按比例拼配，混合筛分，先抖后圆再抖，分出筛号茶（平圆机筛网组合4、5、7、9孔，4孔上为一号茶最粗大，9孔下为五号茶最细），经风选、拣剔后，分别拼成面茶与里茶。

（三）半成品拼配

经过筛切后的半制品筛号茶，分别根据各种普洱茶（生茶）加工标准样进行审评，确定各筛号茶拼入面茶及里茶的比例。按比例拼入面茶和里茶的各筛号茶，经拼堆机充分混合后，喷水进行软化蒸压。

（四）蒸茶压制

一般分为称茶→蒸茶→压模→脱模等工序。

1. 称茶

经拼堆喷水后的付压茶坯含水量，一般在15%以上，而各种普洱茶（生茶）成品计量水分为10%，保质含水量9%～12%，为了保证成品出厂时单位重量符合规定标准，在付压前根据付制压茶水分含量，成品标准干度结合加工损耗率，计算确定称茶的重量。为了保证品质规格，称量要准确，正差不能超过1%，负差不得超过0.50%。称茶动作要熟练、精确、快速，一般先称里茶，再称面茶，按先后倒入铝合金蒸模，投入小标签一张，交给蒸茶工序。

2. 蒸茶

普遍使用锅炉蒸汽，高温蒸汽通过管道输入蒸压作业机，将茶迅速蒸热，促进其变色，便于成型。锅炉蒸汽蒸茶只需5s，蒸后，水分增加3%～4%，即茶坯含水达18%～19%。

3. 压模

茶厂生产各种规格普洱茶（生茶），多数采用冲压装置，装入铝模，置于甑内由带柄的压盖压住，由冲头对压盖加压，压力一般为10kg左右，偏心轴转速（80～100转/min），一般每甑茶冲3～5次，最多不能超过6～7次，使茶块厚薄均匀，松紧适度。

4. 脱模

压过的茶块，在模内冷却定型后脱模。冷却时间视定型情况而定。机压定型较好，施压后稍加放置即可脱模；而手工压制则须经冷却半小时后方可脱模。

（五）干燥

传统制法是把成品放置在晾干架上，让其自然失水干燥到成品标准含水量，时间一般长达5～8d，多则10d以上，造成人力、物力浪费，而且影响品质，现已改用烘房干燥。烘房干燥是利用锅炉蒸汽余热，由管道通向干燥室，室内设烘架，下面排列加温管道，温度可达45℃，而紧茶、饼茶、方茶在30℃的温度条件下，只需13～14h的烘干，水分即可降到出厂水分13%左右。在烘房干燥中，如室内湿度超过室外空气相对湿度，每隔2～3h，应打开气窗排湿一次。

（六）检验包装

经过干燥的成品茶，进行抽样，检验水分、单位重量、灰分、含梗等，并对品质进行审评，检验内容如附录。

表9-6　普洱茶原料各级品质特征（DB53/T171－2006）

级别	条索	色泽	整碎	净度	香气	滋味	汤色	叶底
特级	肥嫩紧结显锋苗	油润芽毫特多	匀整	稍有嫩茎	清香浓郁	浓醇回甘	黄绿清净	柔嫩显芽
二级	肥壮紧结有锋苗	油润显毫	匀整	有嫩茎	清香尚浓	浓厚	黄绿明亮	嫩匀
四级	紧结	墨绿润泽	尚匀整	稍有梗片	清香	醇厚	黄绿	肥厚
六级	紧实	深绿	尚匀整	有梗片	纯正	醇和	绿黄	肥壮
八级	粗实	黄绿	尚匀整	梗片稍多	平和	平和	绿黄稍浊	粗壮

第四节　普洱茶（熟茶）散茶的加工

普洱茶（熟茶）的加工分为原料准备、潮水、后发酵（微生物固态发酵）、翻堆、干燥、分筛、拣剔、拼配、仓贮陈化等过程。

一、原料的准备

普洱茶原料，通过筛分、拣剔、干燥，使水分保持在10%以下。对水分、杂质进行检验合格后，即可付制。用于加工普洱茶的原料分为十一级，逢双设样。

表9-7　普洱茶原料理化指标（DB53/T171-2006）

项目	指标
水分，%	≤10.0
总灰分，%	≤7.0
粉末，%	≤0.8
水浸出物，%	≥40.0
茶多酚，%	≥30.0

二、潮水

普洱茶后发酵（微生物固态发酵）前在普洱茶原料中加入一定量的清水，拌匀后即可后发酵（微生物固态发酵）。加入水量如下公式计算：

$$加水量（kg）= 付制原料（kg）\times \frac{预定潮水茶含水率（\%）- 原料茶含水率（\%）}{1 - 预定潮水茶含水率}$$

预定潮水茶含水量，视原料老嫩、空气湿度、气温高低而有不同的要求。老叶潮水率高，嫩叶反之；空气干燥、气温高，则潮水率高，反之亦然。潮水时宜用冷水。在

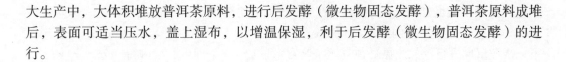

大生产中，大体积堆放普洱茶原料，进行后发酵（微生物固态发酵），普洱茶原料成堆后，表面可适当压水，盖上湿布，以增温保湿，利于后发酵（微生物固态发酵）的进行。

三、后发酵（微生物固态发酵）

后发酵（微生物固态发酵）是普洱茶加工技术的重要工序，也是形成普洱茶（熟茶）独特品质的关键性工序。形成普洱茶（熟茶）品质的实质是以云南大叶种普洱茶原料（晒青）的内含成分为基础，在后发酵过程中微生物代谢产生的热及茶叶的湿热作用使其内含物质发生氧化、聚合、缩合、分解、降解等一系列反应，从而形成普洱茶（熟茶）特有的品质风格。普洱茶加工原料一般的含水量在9%～12%，在加工时必须增加茶叶的含水量才能较好的发挥湿热作用。

影响后发酵（微生物固态发酵）的因素很多，其中以叶温、茶叶含水量、供氧等尤为重要。这个过程中，水的介质作用是极其重要。普洱茶（熟茶）后发酵前，加入一定量的水，后发酵过程中，采取了保水措施，在出堆前，水分的变化是很小的。后发酵过程中，水分含量是逐渐减少的，而温度是逐步升高的，最高温度以控制在65℃以下为宜。控制水分和温度的变化，对可溶性成分的变化起着积极的作用。多酚类化合物在后发酵过程中的氧化速度与温度的高低、时间的长短有关。随着后发酵（微生物固态发酵）温度的升高，氧化加剧，故后发酵温度不能过高，时间也不能过长。否则茶叶会"炭化"（俗称"烧堆"），茶叶香低、味淡、汤色红暗。反之，后发酵（微生物固态发酵）温度太低，时间太短，也会造成发酵不足，使多酚类化合物氧化不足，茶叶香气粗青，滋味苦涩，汤色黄绿，不符合普洱茶（熟茶）的品质要求。

四、翻堆

在普洱茶（熟茶）的后发酵（微生物固态发酵）过程中，翻堆技术是影响普洱茶品质和制茶率的关键，必须掌握好发酵程度，发酵堆温、湿度及发酵环境的变化，进行适时翻堆。如潮水不足，应在"翻水"时补足。翻堆一方面是为了降低堆温；另一方面是使所有堆内的茶叶均匀地受到温度、湿度、氧气、微生物和酶的共同作用，达到普洱茶品质形成协调的结果。一般翻堆间隔5～10d，视后发酵场地、堆温、湿度及后发酵程度来灵活掌握。翻堆时要打散团块、翻拌均匀，严格控制堆温在40～65℃。经过几次翻堆后，当茶叶呈现红褐色时，即可进行摊晾干燥。

五、干燥

在普洱茶加工过程中，当后发酵（微生物固态发酵）结束后，为避免后发酵的过程中发酵过度，必须进行干燥。因普洱茶（熟茶）有一个后续陈化过程，这个过程中对普洱茶品质形成有醇化的作用，所以普洱茶（熟茶）的干燥切忌烘干、炒干。晒干也尽量

少用，因晒干会增加茶叶的损耗5%以上，同时也会影响普洱茶（熟茶）的风味。普洱茶（熟茶）干燥宜用室内通沟法进行通风晾置干燥。通沟按每隔50～80cm顺序通沟，下一次按反向进行，如此循环往复至茶叶含水量13%以下即可起堆进行筛分。

六、筛分

筛分是普洱茶（熟茶）散茶加工中把粗细长短分出的重要环节。以筛分要求定普洱茶各号头，一般圆筛、抖筛及风选联机使用筛孔的配置按茶叶老嫩而决定，即"看茶做茶"。根据筛网的配置把普洱茶分筛为正茶1、2、3、4个号头、茶头、脚茶三个号头。正茶送拣剔场待拣，茶头进行洒水回潮后解散团块，脚茶经再分筛处理后制碎茶及末茶。普洱茶后发酵（微生物固态发酵）结束后，通过抽样审评，即可按品质差异、级别差异进行归堆。再按普洱茶成品茶要求配置筛号筛分。通常普洱茶（熟茶）散茶级别筛孔配置为：宫廷是抖筛9号底，圆筛8号底拼配的茶叶；特级是抖筛7号底，圆筛6号底拼配的茶叶；一级是抖筛5号底，圆筛4、6号底拼配的茶叶；三级是抖筛3号底，圆筛4号底拼配的茶叶；五级是切碎茶经抖筛3号底，圆筛4、6号底拼配的茶叶；七级是抖筛3号底，圆筛4号底拼配的茶叶；九级是抖筛3号底，圆筛3号底4面拼配的茶叶；十级是抖筛2和3号底，切碎茶经圆筛3号底拼配的茶叶。各级别对样评定，进行分别堆码。筛分好的级号散茶可以分装包装销售，也可以蒸压后做成紧压成型茶。

七、拣剔

拣剔是把茶叶中的杂质除去，是普洱茶品质的基础。要求对各级各号茶进行拣剔，剔除非茶类夹杂物，拣净茶果、茶梗。拣剔验收合格后，分别堆码待拼配之用。

八、拼配匀堆

拼配匀堆指根据茶叶各花色等级筛号的质量要求，将不同级别、不同筛号、品质相近的茶叶按比例进行拼和，使不同筛号的茶叶相互取长补短、显优隐次、调剂品质、提高质量，保证产品合格和全年产品质量的相对稳定，并最大限度地实现茶叶的经济价值的重要环节。

第五节　普洱茶（熟茶）紧压茶的加工

普洱紧压茶（熟茶）是一种后发酵茶，具有滋味醇厚回甜、汤色红浓明亮、叶底红褐、独具陈香的品质特点。普洱紧压茶由普洱散茶经高温蒸压塑形而成，外形端正，松紧适度，规格一致，有呈碗状的普洱沱茶、长方形的普洱砖茶、正方形的普洱方茶、圆饼形的七子饼茶、心脏形的紧茶和其他各种造型特异的普洱紧压茶。

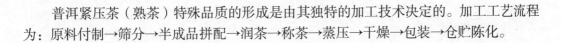

普洱紧压茶（熟茶）特殊品质的形成是由其独特的加工技术决定的。加工工艺流程为：原料付制→筛分→半成品拼配→润茶→称茶→蒸压→干燥→包装→仓贮陈化。

一、原料付制

普洱紧压茶（熟茶）原料系优质云南大叶种普洱茶原料经后发酵（微生物固态发酵）加工而成的普洱散茶。其水分含量必须保持在保质水分标准（12%～14%）以内，并堆放在干燥、无异味、洁净的地方，以防止茶叶受潮、变质。

二、筛分

筛分主要是分出茶叶的粗细、长短、大小、轻重。也依此确定茶叶号头。圆筛、抖筛及风选联机使用筛孔的配置，按茶叶的老嫩而定。一般普洱茶（熟茶）筛分分为正茶、头茶和脚茶。根据各级别对样评定后，分别堆码；同时通过筛分整理后可确定紧压茶的洒面茶，包心茶。

三、半成品拼配

拼配是调剂普洱茶口味的重要环节。在拼配时要考虑普洱茶是"陈"茶的特点，其色、香、味、形要突出"陈"字。因此，拼配前要进行单号茶开汤审评，摸清后发酵程度的轻、重、好、次和半成品贮存时间的长短，以及贮存过程中的色、香、味变化情况，然后进行轻重调剂，好次调剂，新旧调剂，使之保持和发扬云南普洱茶的独特特性。根据普洱茶各花色等级筛号的质量要求，将不同级别、不同筛号、品质相近的茶叶按比例进行拼和，使不同筛号的茶叶相互取长补短、显优隐次、调剂品质、提高质量，保证产品合格和全年产品质量的相对稳定，并最大限度地实现普洱茶的经济价值。根据各种蒸压茶加工标准样进行审评，确定各筛号茶拼入面茶和里茶的比例。

对筛分好的级号茶，根据厂家、地域、品种、季节的不同，结合普洱茶市场的要求，拼配出所需的茶样，再根据茶样制定生产样和贸易样。

四、润茶

润茶是为了防止茶叶在压制时破碎的前处理，为了保持茶叶芽叶的完好。润茶水量的多少依据茶叶的老嫩程度、空气湿度大小而定。润茶后的茶叶容易蒸压成形，但润茶后的原料应立即蒸压，否则茶叶可能会质变。

五、蒸压

（一）称茶

称茶是成品单位重量是否合乎标准计量并防止原料浪费的主要关键，必须经常校正和检查衡量是否准确；称茶应根据拼配原料的水分含量，按付制原料水分标准与加工损耗率计算称茶量，重量超出规定范围的均作废品处理。其计算公式如下：

$$每块茶应称重 = 每块茶标准重 \times \frac{1 - 计重水分标准}{1 - 配料含水量} + 半制品耗损量 - 洒面茶重量$$

为保证品质规格，称量要正确，正差不能超过1%，负差不能超过0.5%。

（二）蒸茶

蒸茶的目的是使茶胚变软便于压制成形，并可使茶叶吸收一定水分，进行后发酵作用，同时可消毒杀菌。蒸茶的温度一般保持在90℃以上。在操作上要防止蒸得过久或蒸汽不透面，过久造成干燥困难，蒸汽不透面造成脱面掉边影响品质，在蒸汽的温度为90℃以上时，一般掌握1min蒸四次，茶叶变软时即可压制。

（三）压茶

分手工和机械压制两种，注意掌握压力一致以免厚薄不均，装模时要注意防止里茶外露。

（四）退压

压制后的茶坯需在茶模内冷确定型3min以上再退压，退压后的普洱紧压茶要进行适当摊晾，以散发热气和水分，然后进行干燥。

六、干燥

普洱紧压茶（熟茶）干燥方法有室内自然风干和室内加温干燥两种，干燥的时间随气温、空气相对湿度、茶类及各地具体条件而有所不同。在干季，室内自然风干的时间要120~190h才能达到云南普洱紧压茶标准干度。室内加温干燥因地区气候情况的不同而有所不同，一般加温干燥在烘房中进行，温度不超过60℃，过高会产生不良后果。

七、包装

包装应选用符合食品卫生要求，保障人体健康的包装材料。普洱紧压茶（熟茶）包装大多用传统包装材料，如内包装用棉纸，外包装用笋叶、竹篮，捆扎用麻绳、篾丝。茶叶包装前必须作水分检验，保证成品茶含水量在出厂水分标准以内，各种包装材料要求清洁无异味，包装要求扎紧，以保证成茶不因搬运而松散、脱面。包装标签应标注产品名称、净含量、生产厂名、厂址、生产日期、质量等级、执行标准编号。

思考题

1. 根据GB/T 22111-2008，普洱茶的具体定义是什么？
2. 请简述适合加工生产云南普洱茶的鲜叶品种。
3. 试述普洱茶（生茶）的具体加工工艺。
4. 试述普洱茶（熟茶）紧压茶的具体加工工艺。

参考文献

［1］陈椽,陈以义,胡建程,等. 制茶学［M］. 北京：中国农业出版社,1979.

［2］梅宇. 全国普洱茶产销形势分析报告（2015）［J］. 茶世界,2015（03）：31-39.

［3］周红杰,龚加顺. 普洱茶与微生物［M］. 昆明：云南科技出版社,2012.

［4］周红杰. 云南普洱茶［M］. 昆明：云南科技出版社,2006.

第十章 茶叶再加工及深加工

自21世纪以来，我国茶学受近代和现代科学的影响，加深了对茶学的研究，从而扩展了茶学研究的视野，并理论结合实际，逐步发展成为今天的茶叶再加工、深加工技术。茶叶再加工茶主要为花茶加工、紧压茶、沱茶加工、速溶茶加工等。再加工茶类代表茶类花茶由茶和香花拼和窨制，利用茶叶的吸附性，使茶叶吸收花香而成。有茉莉花茶、珠兰花茶、白兰花茶、玫瑰花茶、桂花花茶等。窨制花茶的茶坯，主要是烘青绿茶及少量的细嫩炒青绿茶。加工时，将茶坯及正在吐香的鲜花一层层地堆放，使茶叶吸收花香；待鲜花的香气被吸尽后，再换新的鲜花按上法窨制。茶叶深加工技术是以茶鲜叶，制品茶，再加工茶，茶园、茶厂废弃物为原料，运用现代科学理论和高新技术，从深度、广度变革茶叶产品结构。茶叶深加工技术涉及茶树生物学、茶树栽培、田间管理（包括土壤、肥料、抗病、治病、灭虫、修剪、采摘）、茶叶工艺理论、茶叶制造（包括物理生化、工艺生化、生物工程、茶业机械、毛茶精制、名优茶制作、包装、运输、流通、茶叶功能学、茶文化）等。

第一节 茶叶再加工

茶叶的再加工茶主要分为花茶与紧压茶。

花茶主要以绿茶、红茶或者乌龙茶作为茶坯、配以能够吐香的鲜花作为原料，采用窨制工艺制作而成的茶叶。根据其所用的香花品种不同，分为茉莉花茶、玫瑰花茶、桂花花茶等。明代江南地区已有许多窨制花茶的手工作坊。清咸丰年间（公元1851～1861年），福州已成为花茶的窨制中心，大量生产花茶，至清末就有多家茶庄从事茉莉花茶的经营。1939年起，苏州成为另一花茶制造中心。1949年后，我国花茶产销量逐年增加，生产有较大的发展，主销东北、华北、山东等地，出口东南亚各国，畅销港澳地区。日本、美国以及西欧一些国家也在行销。花茶中以茉莉花茶产量最大，随着广西横县茉莉花种植快速发展，茉莉花茶加工业逐步向广西转移。目前我国茉莉花茶加工，广西横县占67%，福建占17%，四川、云南占16%。

紧压茶生产历史悠久，大约于十一世纪前后，四川的茶商即将绿毛茶蒸压成饼，运销西北等地。到十九世纪末期，湖南的黑砖茶、湖北的青砖茶相继问世。紧压茶类经过压制后，比较紧密结实，增强了防潮性能，便于运输和贮藏，而有些紧制茶在比较长时间的贮存中，由于水分和湿度的作用，还能增进茶味的醇厚。所以直到如今，以各种茶类加工制作的压缩茶，不仅在国内是少数民族的生活需品，需要量多，而且在国际市场上也有一定的销售量。

一、花茶窨制

花茶是利用清高芬芳或馥郁甜香的香花和茶叶拼合，茶叶吸收鲜花的香气窨制而成。按照窨制所用的花类和茶坯类别等，分别将花茶冠以不同的称谓，如茉莉花茶、白兰花茶、玫瑰红茶等。传统花茶窨制时，茶坯含水量仅为5%左右，而鲜花的含水率却为85%左右，二者进行混合后，鲜花的水分逐渐被茶坯所吸收，与此同时，茶叶也吸收了鲜花所挥发出的香精油，然后进行"起花"，筛除花朵，同时加以复火而制成各种花茶。

花茶的加工工艺分为制坯与窨花，窨花工艺又因加窨鲜花的不同而有所差异，制坯即是把茶叶精加工，而窨花即是对茶叶进行吸香处理。在窨制花茶之前，需要对茶坯进行复火，以便使其达到一定的干燥度与坯温，茶坯越干，对香气的吸收能力也就愈强。付窨的茶坯含水率一般控制在4%～6%，经过复火后，茶坯须加以冷却再进行付窨，这样才会制得品质良好的花茶。茉莉花茶是花茶中最为常见、产量最大的一类花茶，了解茉莉花茶的窨制可以较好地掌握花茶窨制技术，在此介绍的便是花茶加工的传统工艺——茉莉烘青花茶的窨制工艺。

（一）茶坯处理

把烘青绿茶加工为成品，付窨前，对茶坯进行干燥处理，使其含水量达4%～6%，待茶坯叶温降到30～40℃时，开始加以窨花。

（二）鲜花处理

茉莉花采用的是已成熟的当天花蕾，作为含苞欲放的花朵，要求粒大饱满和均匀，色泽洁白光润，单朵、短蒂、没有枝叶杂物。为了防止鲜花提前开放，应对其实施摊晾，把鲜花摊放在阴凉、清洁和通风的场所，厚度要求不大于10cm。鲜花经过适当堆积可以促使其开放吐香，一般堆高约为60cm，直径约为200cm，鲜花量约为150kg，以便使鲜花因呼吸作用而产生的热量不致散失，花温得以升高，促使鲜花开放，当鲜花堆的温度升高到40℃时，再进行摊晾，否则将会影响鲜花的质量。如此"堆积和摊晾"重复3～5次，鲜花便可大部分开放。当有70%鲜花的开放度达到60%时，便使用2.50孔/英寸的网筛筛除小的还没有开放的花蕾，另行收堆，用于窨制低级花茶。当有90%以上的鲜花开放度达到80%～90%以上（呈虎爪形）时，即可以进行窨花拌和，拌和时，花温不可超过茶坯温度。

（三）玉兰花打底

目的是提高香气的浓度和衬托花香的鲜灵度。把玉兰和茉莉鲜花与茶坯拌和，有的将打底用的玉兰先与茶坯拌和，用量要适当。玉兰要求整朵打底，香气应质量好，花量若少，可以拆瓣，甚至要切碎，但香气却欠纯。

（四）窨花拼合

就是将花与茶叶拼合到一起，让花香被茶坯吸收。手工拼和是把茶坯平铺于地板上，厚度达20~30cm，然后，按下花量将鲜花均匀地散摊于茶坯上，再用耙等工具稍加翻拌，使茶与花充分地拌和均匀。三级以上的茶坯用箱窨装为八成满，三级以下的一般用囤窨，不论箱窨或囤窨，顶部都要盖上一层茶叶，以减少香气的逸散。

（五）通花散热

花和茶拌和之后，一般需要经过4~5h，待茶堆的温度提高至40~50℃，便必须开堆通花，将在窨的茶堆扒开，促使堆内的热量散失，堆温因此降低，又可以促使茶坯更好地吸收香气，吸水达到均匀。开堆之后，当茶坯温度降到35℃时，再加以收堆续窨。

（六）收堆续窨

收堆的高度要比原来的低一些，以防止温度回升过快。续窨之后要再进行第二次的通花。一般经续窨5~6h，茶堆温度又升高到40℃左右，鲜花凋萎，色泽微黄，已嗅不到鲜花香气时即已完成。

（七）起花复火

使用起花机（抖筛2、3孔）将花渣和茶坯加以分开，筛分出的花渣供压花用。起花后茶坯含水量达到13%~18%，为防止茶叶变质，需要及时复火。复火需要薄摊、低温、快速，以减少香气的损失（头窨复火温为120~140℃，二窨为110~130℃，三窨为100~120℃）。

（八）重窨和提花

二窨茶需要再窨一次，三窨茶需要再窨二次，工艺流程与第一次相同。无论几窨，最后都需要提花，以增加香气的鲜灵度。提花是花茶在窨制结束之前使用少量香花再窨一次的工艺。需要选用朵大、质好的鲜花，其操作同窨花拌和基本一致，只是所使用的花量较少（每100kg茶坯一般用5~8kg的茉莉花），中间不需要通花散热。提窨9~10h后（坯温上升至42~43℃时），即行起花，不再进行复烘以保持花茶香气的鲜灵度，要控制提花后的成品茶含水量在9%之内。

（九）匀堆装箱

提花起花后，已符合产品规格的成品茶要及时匀堆、过磅、装箱，以防止回潮泄香。

二、紧压茶加工

将加工好的松散的茶叶半成品蒸热软化后，施加一定的压力而加工成的不同形状的团块茶，称为"紧压茶""压制茶""蒸压茶"等。紧压茶是茶叶半成品经过再加工制得的茶类，包括黑茶、红茶与绿茶三大类。紧压茶形状多样，采用的原料也各不相同，加工方法和压制工艺有所差异，但基本加工工序具有一致性。

（一）毛茶拼配出仓

先按照各种茶的品质规定，进行原料拼配，根据比例出仓。原料拼配都是依各种紧压茶成品规格的要求而有所不同，如沱茶一般以1~4级拼配，紧茶、饼茶、方茶以3~10级和部分级外茶进行拼配。

（二）筛分

把按比例拼配好的茶叶进行混合筛分，再进行风选、拣剔，使其成为待拼盖茶或里茶，对于9~10级及粗老级外茶，必须经过切轧后再通过圆筛机分筛、风选、拣剔，而后待拼。

（三）半成品拼堆

将筛制成的半成品茶坯分别根据紧压茶标准进行审评，决定拼入盖茶及里茶的比例。各种紧压茶的盖茶与里茶又按一定比例组成，把拼配的各种茶坯按确定的比例，分别拼入盖茶及里茶。在拼堆时要充分均匀拼合，以确保同一拼堆的产品品质一致。

（四）潮水

拼堆同时要进行潮水（沱茶除外），潮水既使叶子软化，利于蒸压成型，又能促进湿热作用的进行。在干季，盖茶一般每100kg潮水2~3kg，而里茶一般需要潮水5~6kg，雨季酌减。潮水时间一般在10h以上，潮水后，茶叶平均水分含量达15%左右为宜。

（五）蒸压

一般必须经过称茶、蒸茶和施压（定型）等。称茶是根据付制茶坯的含水量、成品茶标准含水量以及加工损耗率等来确定的，并要分别称取盖茶和里茶，一般先称里茶，再称盖茶，然后倒入蒸模。称茶重量=成品单位标准重量×成品标准干度/［茶坯干度×（1-加工损耗率）］，加工损耗率约为1%。蒸茶是将装有茶的蒸模放在蒸汽嘴上，通过蒸汽热蒸，使茶吸收水分并变软（6kg/cm²蒸汽压力），蒸3~5s，以便于揉压或压制，蒸后的茶坯含水量应为18%~19%。施压是用带柄的压盖盖住蒸模口，置于偏心轮锤压机下，由锤头对准盖柄冲压，每甑茶锤压5次左右（沱茶通过使用手工揉袋压制）。要求茶块的各部分厚薄均匀，松紧适度，且各块的厚度基本一致。茶块在模内冷

却定型后便可脱模。

（六）干燥

利用蒸汽管道加温，将成型茶放在晾架上，架下设五排蒸汽管道，通过加热用的蒸汽余热进行干燥，在温度40℃左右的条件下，13～20h即可达到标准干度（紧压茶出厂含水率为12%）。

（七）包装

紧压茶的成品标准分为形状规格和内质等方面，外形均要端正，厚薄大小匀整。盖茶应分布均匀，表面干净、整齐，边缘无毛边等，符合标准的便可妥善包装。

第二节　茶叶深加工

茶叶深加工是指以茶鲜叶、半成品、成品茶或副产品为原料，应用现代高新技术及加工工艺，实现多学科、跨领域、集成化、系统化的开发加工。它包括了两个方面：一是将传统工艺加工的成品来进行更深层次的加工，形成新型茶饮料品种；二是提取和利用茶叶中功能性成分，并将这些产品应用于医药、食品、化工等行业。茶叶精深加工产品的开发应用是产业链的延伸，是提升经济效益和产品附加值的重要方式，可以解决低档茶、副产品等滞销品的市场出路，丰富茶产品的种类和档次，实现茶产品的形态与功能多样化。据统计，世界袋泡茶销量占茶叶总销量的65%以上，并且其需求量正以每年5%～10%的速度增长。国内外对茶叶精深加工的研究越来越重视，并成为今后茶业发展的一个新趋势。

一、茶叶深加工分类

在技术上茶叶深加工主要包括茶叶物理深加工、生物化学深加工及综合深加工4种类别（图10-1）。

二、典型茶叶深加工产品

（一）茶叶机械加工

茶叶机械加工不改变茶叶的基本本质，只改变茶叶的外部形态（如形状、大小等），从而使其产品便于贮藏、冲泡，符合卫生标准，也更为美观。袋泡茶（tea bag）是茶叶机械加工的典型产品。

袋泡茶是在原有茶类基础上，经过拼配、粉碎，用滤纸包装而成的。袋泡茶冲泡速度快、茶渣易处理、使用方便、快捷，已成为茶叶消费方向和主流。

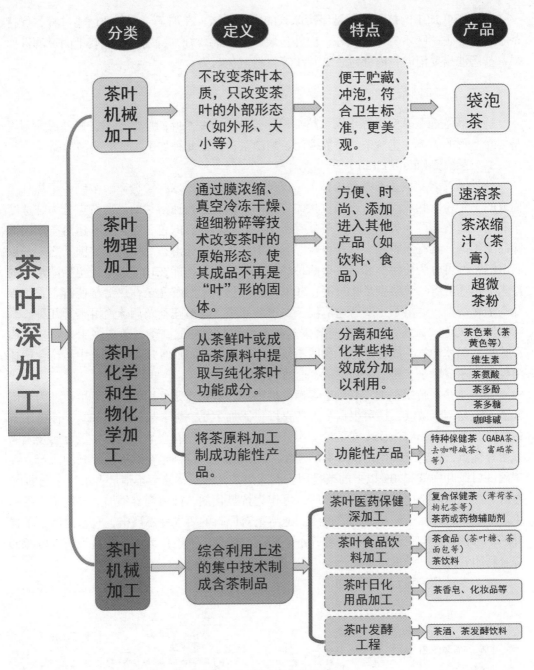

图10-1 茶叶深加工分类

袋泡茶生产流程示意图如下：

图10-2 袋泡茶生产流程示意图

袋泡茶叶加工的技术关键是保持原茶的固有风味。在加工、贮藏和运输过程，保持茶叶的色、香、味不劣变。此外，内外包装纸的性能要好，特别是内包装纸的过滤性要强，茶汤滤出要清澈，内外包装纸及线等材料避免污染。

（二）茶叶物理加工

通过膜浓缩、真空冷冻干燥、超细粉碎等技术改变茶叶的原始形态，使其成品不再是"叶"形的固体。速溶茶、茶浓缩汁、超微茶粉就是此种加工工艺的典型产品。

1. 速溶茶（instant tea）

速溶茶又名萃取茶、茶晶（精）是以茶叶为原料，经水提、分离、浓缩、干燥加工而成的一种粉末状或碎片状或颗粒状的方便固体饮料。按速溶茶的品质特点分为纯速溶茶和调味速溶茶两大类。纯速溶茶具有所用茶叶原料应有的色香味，调味速溶茶则因调味品类不同，具有果香味、草药香味等。速溶性是衡量速溶茶品质的重要因子之一，以其溶解特性可分为冷溶型和热溶型两种品类。冷溶型是指能在10℃以下（包括冰水）的冷水中迅速溶解；热溶型是指只能在50℃以上的热水中溶解完全，热溶型速溶茶香气滋味高于冷溶型。速溶茶主要有速溶红茶、速溶绿茶、速溶花茶及调味速溶茶等几种。调味速溶茶又称"冰茶"，它是在速溶茶基础上发展起来的配制茶，起初多用来做夏季清凉饮料，加冰冲饮，故称冰茶。我国不仅生产速溶红茶，而且还生产富有中国特色的速溶姜茶、速溶绿茶、速溶茉莉花茶、速溶乌龙茶等。

速溶茶是在传统茶加工基础上逐渐发展形成，其特点是饮用方便、卫生，杯内不留残渣，容易调节浓淡，还可根据个人的喜好，添加牛奶、糖、果汁等；基本上保持了茶的风味和功效；相对体积（或重量）小，易保存运输；没有余渣，无有害重金属及农药残留等优点，符合现代生活快节奏的需要。在国际上，特别是在欧美国家颇为流行，在美国进口茶叶中就有70%以上的茶是用于制速溶茶和液茶，速溶茶销量占茶叶市场的1/3左右。由于速溶茶内含丰富的茶多酚，可作为抗氧化剂、抑菌剂等添加剂应用于食品的生产加工中，并赋予产品天然的色泽。速溶茶对原料的要求并不严格，它重内质，不拘叶形，可由茶叶加工生产过程中的碎茶、梗茶、片茶、末茶作为原料，这为茶叶资源的综合利用开辟了一条道路。

速溶茶的生产流程示意图如下：

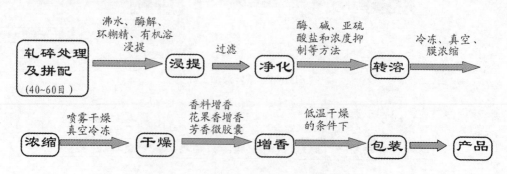

图10-3 速溶茶的生产流程示意图

速溶茶加工应用高科技手段克服难溶、易潮解、无茶香的弊病。速溶茶生产中转溶、增香步骤十分关键，是决定品质的重要因素。

茶香是决定茶类品质优劣的主要因素，但是速溶茶的香气成分在提取、干燥过程中可能会受到较大的损失，因此必须保香、回香或增香。保香指应用反渗透浓缩法和超滤浓缩等新技术，降低茶叶香气物质损失；回香指在速溶茶的加工过程中装置各种设备回收香气，最后香气提取物经雾化后直接往颗粒速溶茶上喷撒；增香指将各种天然香料及合成香料加入速溶茶中，以增加速溶茶的香味，即人工调香。按照香气物质的来源不同，主要有用香料、花果香和芳香微胶囊增香。

2. 茶膏

茶膏是提取茶中的内含成分，经净化、浓缩、干燥（成型）等工序加工而成的膏状饮料。目前市场上茶膏主要指普洱茶膏。同普洱茶相比，茶膏的便携性好，冲泡过程简洁方便卫生；口感温和厚重，像是品饮老茶的感觉，层次感丰富；茶膏具有普洱茶的营养成分和保健功效，是茶中精品，具有很高的营养价值、品饮价值和广阔的市场前景。

普洱茶膏生产工艺示意图如下：

选料 ➡ 浸提 ➡ 净化 ➡ 浓缩 ➡ 干燥（成型） ➡ 成品

图10-4　普洱茶膏生产工艺示意图

3. 超微茶粉

超微茶粉是用茶树鲜叶或成品茶叶为原料，进行超微粉碎，最终加工成颗粒度200、300目甚至1000目以上的可以直接食用的茶叶超微细粉。目前国际上主要生产超微红茶和绿茶粉，我国生产超微乌龙茶、绿茶、红茶、茉莉花茶和普洱茶粉。

超微茶粉最大限度地保持了茶叶原有的色香味品质和各种营养成分，保持茶叶的原质、原色、原味。超微茶粉除供直接饮用外，可广泛添加于各类食品、糖果、饮料、医药等之中，以强化其营养保健功效，并赋予各类食品的天然绿色和特有的茶叶风味，同时还有效地防止食品的氧化变质，明显延长食品保质期。可广泛应用于食品、保健品、美容、医药行业等领域。

超微绿茶粉和红茶粉加工工艺示意图如下：

（1）超微绿茶粉

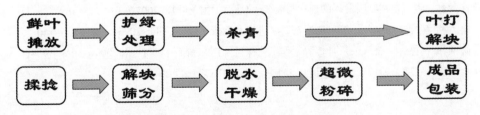

图10-5　超微绿茶粉加工工艺示意图

（2）红茶粉

图10-6 红茶粉加工工艺示意图

超微绿茶粉加工包括鲜叶摊放、护绿等9道工序，其中鲜叶摊放、杀青、叶打解块、揉捻、解块筛分、干燥工艺与绿茶工艺相同，但是在揉捻过程中不需要做形；当摊放到杀青前2h，应用护绿剂对茶鲜叶进行护绿技术处理；茶叶干燥后采用粉碎设备进行粉碎到需要的大小；加工好的超微绿茶粉应及时包装，并放入相对湿度50%以下、0～5℃的冷库内贮藏。

超微红茶粉加工包括萎凋、揉捻等8道工序，其中萎凋、揉捻、解块筛分、发酵、干燥与红茶加工相同；茶叶干燥后需应用设备超微粉碎到一定目数；加工好的超微红茶粉应及时包装，并放入相对湿度50%以下、0～5℃的冷库内贮藏。

思考题

1. 花茶的加工工艺是什么？
2. 紧压茶半成品拼堆时，需要注意什么？
3. 机械加工的典型产品是什么？
4. 速溶茶的种类有哪些？
5. 普洱茶膏的生产工艺是什么？

参考文献

［1］丁勇,黄建琴,胡善国. 茶叶深加工的技术研究进展［J］. 中国茶叶加工,2005（3）：22-24.

［2］许丽君. 袋泡茶在我国发展的现状与展望［J］. 中国茶叶加,2007（3）：15-16.

［3］康孟利,薛旭初,骆耀平,等. 速溶茶研究进展及前景［J］. 茶叶,2006（3）：136-140.

［4］陈继伟,何昆萍. 普洱茶茶膏传统制作工艺探讨［J］. 茶叶科学技术,2009（3）：39-41.

［5］金寿珍. 超微茶粉加工技术［J］. 中国茶叶,2007（6）：12-14.